"十三五"国家重点出版物出版规划项目

材料科学研究与工程技术系列

金相显微分析

Metallographic Microscopic Analysis

- 主　编　陈洪玉
- 副主编　胡海亭　张　鹤

哈尔滨工业大学出版社

内容提要

本书主要介绍了金相分析试样的截取与制备;常用各种光学显微镜的构造和基本分析方法;定量金相分析;有关金属学与热处理的基础知识;合金钢的金相分析;透射电子显微镜和扫描电子显微镜的工作原理、构造、性能和试样制备。

本书可作为材料科学与工程学科本科生教材和研究生参考书,也可供从事材料研究及分析检测方面工作的技术人员参考。

图书在版编目(CIP)数据

金相显微分析/陈洪玉主编. ——哈尔滨:哈尔滨工业大学出版社,2013.3(2020.8 重印)
ISBN 978 - 7 - 5603 - 3371 - 7

Ⅰ.①金… Ⅱ.①陈… Ⅲ.①金相组织-金属分析
Ⅳ.①TG115.21

中国版本图书馆 CIP 数据核字(2012)第 283327 号

材料科学与工程
图书工作室

责任编辑	许雅莹 杨 桦
出版发行	卞秉利
封面设计	哈尔滨工业大学出版社
社 址	哈尔滨市南岗区复华四道街 10 号 邮编 150006
传 真	0451 - 86414749
网 址	http://hitpress.hit.edu.cn
印 刷	哈尔滨圣铂印刷有限公司
开 本	787mm×1092mm 1/16 印张 13.75 字数 318 千字
版 次	2013 年 3 月第 1 版 2020 年 8 月第 3 次印刷
书 号	ISBN 978 - 7 - 5603 - 3371 - 7
定 价	38.00 元

前　言

在金相显微分析中使用的主要仪器是光学显微镜和电子显微镜两大类。笔者多年从事金相技术、金属热处理和金属的腐蚀与防护等方面的实验教学和科研工作,深知研究所用试样的选取与制备直接关系到后面分析结果的正确与否,而这些属于应用技术,相关的理论书籍中很少涉及或只作简要介绍。为解决这一实际问题我们编写了本书。

金相显微镜用于鉴别和分析各种材料内部的组织和缺陷,原材料的检验、铸造、压力加工、热处理等一系列生产过程的质量检测与控制,新材料、新技术的开发以及跟踪世界高科技前沿的研究工作等。金相显微镜是材料科学与工程领域生产与研究金相组织的重要工具,因此掌握金属学与热处理的基础知识,了解各种光学显微镜和电子显微镜的工作原理、构造、基本操作方法和主要用途等非常必要。这也是本书把这些内容作为重点介绍的原因。

本书的主要内容包括:金相分析试样的截取与制备;常用各种光学显微镜的构造和基本分析方法;定量金相分析;有关金属学与热处理的基础知识;合金钢的金相分析;透射电子显微镜和扫描电子显微镜的工作原理、构造、性能和试样制备。

本书的内容力求做到简明扼要,抓住本质,讲清原理,并重点介绍实验方法和操作技巧,注重培养学生动手能力和分析问题、解决问题的能力。

本书的第1、9章由陈洪玉编写,第2、3章由张鹤编写,第4~8章由胡海亭编写。陈洪玉负责全书的统稿定稿,徐家文审阅了本书并提出宝贵意见。

此外,在本书的编写过程中得到多所院校同行的帮助,并参考了一些同类图书杂志的相关内容以及国家标准,在此对原作者表示衷心的感谢。

由于编者水平有限,书中定有不当和失误之处,恳请赐教和指正。

编　者
2012 年 8 月

目　　录

第1章 金相试样的制备

显微分析是研究金属内部组织的重要方法，但要观察到真实的、清晰的显微组织，首先要制备好金相试样，并正确掌握光学金相显微镜的使用方法。

金相试样的制备是金相研究非常重要的一部分，它包括试样的取样、镶嵌、磨光、抛光和金相显微组织的显示等。

1.1 金相试样的取样

1.1.1 取样部位及检验面的选择

取样是金相试样制备的第一道工序，如果取样不当，则达不到检验的目的，有时会作出错误的结论。因此，所取试样的部位、数量、磨面方向等应严格按照相应的标准规定执行。

取样必须根据检验目的选择有代表性的部位，一般对锻轧钢材和铸件的常规检验的取样部位，有关技术标准中都有明文规定。对事故分析，应在零件的破损部位取样，也应在完好部位取样，以便进行比对。如果研究铸件的金相组织，必须从铸件表层到铸件中心同时取样进行观察。对于热轧型材应同时截取横向及纵向的金相试样，横向试样垂直于轧制方向截取，主要研究表层缺陷及非金属夹杂物的分布；对于很长的轧制型材，应在两端和中间各取试样观察，以比较夹杂物的偏析情况。而纵向试样在平行轧制方向截取，主要研究非金属夹杂物的形状，以决定夹杂物的类型。

1.1.2 金相试样的尺寸

GB/T 13298—1991 金相显微组织检验方法中推荐试样尺寸为磨面面积小于 $400\ mm^2$，金相试样一般为 $\phi12\ mm×15\ mm$ 或 $12\ mm×12\ mm×15\ mm$ 的立方体，以便于制备试样时容易操作，太小了手握持不方便，太大了磨制时费时又不容易平整。

对于试样尺寸不规范或细小不容易把握的，要进行镶嵌或夹持。

1.1.3 金相试样的截取方法

确定了取样部位后，就要考虑试样如何从零件上取下来，在取样的过程中要注意以下几点：

(1)防止切割时金属材料发生范性形变，改变金相组织。如多晶体锌、镉中出现形变孪晶；软钢及有色金属的晶粒因受力而压缩、拉伸或扭曲等。

(2)防止金属材料因受热引起金相组织的变化。如淬火钢的马氏体组织会因切割和磨削过程产生的热量形成回火马氏体。

切取试样时要根据被检验材料的软硬程度采取不同的方法,一般硬度较低的材料,如经退火、正火、调质处理后的低碳钢、中碳钢、灰口铸铁和有色金属及其合金等,都可以采用手工锯或者采用机械加工,如车、铣、刨、剪等方法截取试样;对于硬度较高、形状特异、脆性较大的材料,如白口铸铁、硬质合金以及经淬火后的零件都可以采用锤击的方法,从击落的碎块中选择大小合适的试样,或经进一步的镶嵌、打磨成合适的试样;对于韧性和硬度较高的材料,可以采用砂轮切割机或电火花切割。

砂轮切割机的设备很简单,如图 1.1 所示。

图 1.1 砂轮切割机

砂轮切割机主要由机体、电动机、砂轮片夹持装置、试样夹具及喷射冷却水系统组成。切割时工件因高速磨削产生大量的热,必须用冷却液充分冷却,一方面能防止组织的改变,另一方面也能起到润滑的作用,减少砂轮片的磨损。砂轮片尺寸为 ϕ 250 mm× 32 mm×2 mm,以氧化铝或碳化硅为磨料,用树脂胶合而成。电火花切割是采用 ϕ 0.16 mm 的钼丝,在绝缘油介质中通过火花放电进行切割。其优点是被切割试样表面平整,光洁度好、无变形。对于大断面零件或高锰钢零件可采用火焰切割,但需预留 20 mm 的余量,以便在试样磨制中将气割的热影响区除掉。

1.1.4 金相试样截取后的相应处理

试样截取后,应根据试样材料特征、检验目的、试样形状等情况进行不同的处理。

对于试样形状比较规范,不需要镶嵌的,要对试样进行标记,以免在以后的操作过程中把试样弄混,应在试样磨面的背面做标记,做标记的方法有字头打印、电刻等。做好标记后的试样要对磨面边缘进行倒角处理,以免在磨光和抛光过程中划破砂纸和抛光织物,但对需要观察表层组织的试样(如渗碳层、脱碳层、氮化层等),则不能将边缘磨圆,这类试样一般要进行镶嵌处理。

1.2 金相试样的镶嵌

当金相检验的材料为薄板、细线材、细管材等尺寸过小或形状不规则的试样时,由于不便于用手握持,则要采用镶嵌的方法以便得到尺寸适当、外形规则的试样。当试样的检验目的是观察表层组织时,也需要对试样进行镶嵌。

金相试样的镶嵌方法很多,如何选用应根据实验室所拥有的设备情况和试样的具体情况而定,下面介绍几种常用的方法。

1.2.1　低熔点合金镶嵌法

低熔点合金镶嵌法的优点是合金的熔点低,对试样的组织影响小,同时适用于那些与有机镶嵌材料起化学反应的试样。

低熔点合金镶嵌操作起来比较简单,将试样的磨面放置在一块平板上,外面套上一个合适尺寸的管材(如铁管、铜管、铝管、塑料管等),再将熔化后的低熔点合金浇注到套管里,等冷却后即可。由于低熔点合金的熔点很低,可以将低熔点合金装入小烧杯或小瓷坩埚里,放在电炉子上或酒精灯上就可以将其熔化。

低熔点合金镶嵌示意图如图1.2所示。低熔点合金的成分和熔点见表1.1。

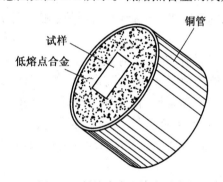

图1.2　低熔点合金镶嵌示意图

表1.1　低熔点合金的成分和熔点

合金类型	合金成分(质量分数)/%				熔点/℃	
	Sn	Bi	Pb	Cd	固相点	液相点
四元合金	15.4	38.4	30.8	15.4	70	97
工业合金	11.3	42.5	37.7	8.5	70	90
工业合金	13.0	42.0	35.0	10.0	70	80
Wood合金	12.5	50.0	25.0	12.5	70	72
四元共晶合金	13.1	49.5	27.3	10.1	70	70

1.2.2　机械夹持法

如果需要研究表层组织的试样,可以使用机械夹持方法以便于保护试样边缘在磨制过程中不被倒角。机械夹具的形状如图1.3所示。

夹具的材料一般选用低碳钢、中碳钢、铜合金等,其硬度要略高于试样。选用此类

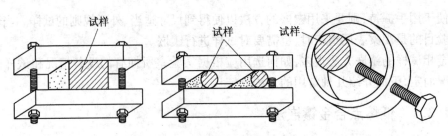

图 1.3　机械夹具的形状

夹具时,须注意使试样与钢圈或钢夹紧密接触,镶嵌板材时可用较软的金属片间隔,以防磨损试样边缘;为避免浸蚀剂从试样的空隙中溢出,可将试样浸在熔融的石蜡中,让石蜡把空隙填满。

1.2.3　塑料镶嵌法

常用的塑料镶嵌法有以下两种:一是利用环氧树脂、牙托粉等物质在室温下进行镶嵌,叫冷镶嵌;二是在专用的镶嵌机上进行镶嵌,叫热镶嵌。不论选用哪种方法都要注意以下问题。

①镶嵌塑料必须不溶于酒精,因为在制备试样的过程中要用酒精进行清洗。

②镶嵌塑料应该有足够的硬度,以免抛光时出现倒角现象。

③镶嵌塑料必须有适当的黏附性,使试样边缘处与镶嵌塑料间紧密结合,没有缝隙,避免制样过程中磨料及其他溶液进入,影响制样质量。

④所用塑料的镶嵌操作是否会影响试样组织的变化,如加热使淬火钢回火,加压使软材料变形等。

⑤镶嵌塑料应该有强的抗腐蚀能力,对所使用的化学试剂不起作用或作用轻微。

⑥镶嵌简单方便,用时短。

⑦使用过程中安全无毒。

1. 塑料冷镶嵌

不能加热的试样、不能加压的(如软的、易碎的)试样、大的形状复杂的试样和多孔的试样可以用冷镶嵌的方法进行镶嵌。冷镶嵌所用镶嵌材料就是树脂加固化剂,如聚酯树脂、丙烯树脂、环氧树脂等,其中最常用的是环氧树脂,其反应式为

$$环氧树脂+固化剂=聚合物+热量$$

固化剂一般用胺类,常用冷镶嵌硬化树脂的配方见表1.2。

试样经清洗干燥后,放入浇注模内,模壁要涂上真空油、硅油、凡士林等以便于脱模。浇注模可以用玻璃、铝、钢、聚四氟乙烯塑料、硅橡胶等制成。

冷镶嵌还可以用医用牙托粉作为镶嵌材料,它具有无毒、无腐蚀、无污染等优点,同时操作上比用环氧树脂方便,固化时间也比用环氧树脂短,是一种新型实用的冷镶嵌材料。

表 1.2　常用冷镶嵌硬化树脂的配方

序号	镶嵌料	用量/g	固化温度/℃	备注
1	E 型环氧树脂 乙二胺 邻苯二甲酸二酊酯	100 8～10 18	室温	乙二胺 8～10 g,冬天取上限,夏天取下限
2	E 型环氧树脂 苯二甲胺 邻苯二甲酸二酊酯	100 18 18	室温	
3	E 型环氧树脂 液体聚酰胺树脂	100 100	室温	可不配其他固化剂
4	618 环氧树脂 邻苯二甲酸二酊酯 二乙烯三胺(或乙二胺)	100 15 10	室温:24 h 60 ℃:4～6 h	镶嵌较软或中等硬度的金属材料
5	618 环氧树脂 邻苯二甲酸二酊酯 乙二醇胺	100 15 12～14	室温:24 h 120 ℃:10 h 150 ℃:4～6 h	固化温度较高,收缩小,适宜镶嵌形状复杂的有小孔和裂纹等的试样
6	6101 环氧树脂 邻苯二甲酸二酊酯 间苯二胺 碳化硅粉或氧化铝粉(粒度尺寸约 40 μm)	100 15 15 适量	室温:24 h 80 ℃:6～8 h	镶嵌硬度高的试样或有氮化层的试样。填充料的微粉可根据需要调整比例

　　对于多孔或有细裂纹的试样,可以采用真空冷镶嵌,即将冷镶嵌材料加固化剂按比例调配好之后,盛于小杯中。真空镶嵌设备中的真空泵启动使真空室内形成负压,小杯中的冷镶嵌料在大气压力下被压入真空室内冷镶嵌模内,可充分渗入到试样的细微孔隙或细微裂纹中。图 1.4 为真空镶嵌设备示意图。

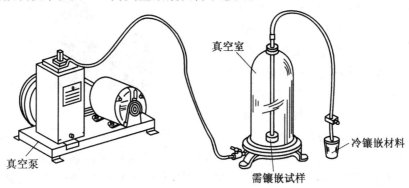

图 1.4　真空镶嵌设备示意图

2. 塑料热镶嵌

金相试样的热镶嵌都是在专门的机器上进行的,通常把这种机器叫做试样镶嵌机,根据所使用的镶嵌料选择不同的镶嵌机。镶嵌料按其加工性能可分为热固性塑料和热塑性塑料,它们的不同之处如下:

热固性塑料是指,经过一次加热成型固化以后,其形状就因为分子链内部进行铰链而达到稳定,对其加热也不能让其达到黏流态,不能再次加工成型,也就是说热固性塑料不具有再次加工性和再回收利用性。比如环氧树脂、有机硅树脂、聚氨酯等。

热塑性塑料是指,塑料加工固化冷却以后,再次加热仍然能够达到流动性,并可以对其进行加工成型,也就是说具有良好的再加工性和再回收利用性。比如常见的聚乙烯、聚氯乙烯、聚苯乙烯等。

（1）塑料热固镶嵌

塑料热固镶嵌是目前使用比较多的一种镶嵌方法,最常用的设备有 XQ-1 型、XQ-2B 型、ZXQ-2B 自动型、BXQ-2B 半自动型等金相试样镶嵌机,镶嵌机上主要包括加压、加热装置和压模三部分。热固镶嵌的特点是在成型温度下树脂已成为坚硬的聚合块,可在卸除压力的情况下立即脱模,对镶嵌机没有冷却水的要求,图 1.5 为热固镶嵌机。

常用的热固镶嵌料多为电木粉和邻苯二甲酸二丙烯。电木粉是在酚醛树脂中加

图 1.5 热固镶嵌机

入少量木屑混合后的产物,不透明,有多种颜色,质地较硬,但抗酸碱能力较差。用电木粉作镶嵌料一定要掌握好镶嵌温度和压力,如果温度和压力过高,电木粉会烧坏,也会产生裂纹,但温度和压力过低,又会使试样变得疏松和产生鼓型表面。具体的温度和压力要根据不同的镶嵌机上的使用说明而定。

（2）塑料热塑镶嵌

塑料热塑镶嵌使用的设备 ZXQ-5 属于全自动金相试样镶嵌机,如图 1.6 所示。具有进出水冷却的功能,适用于所有材料（热固性和热塑性）的热镶嵌,设定好加热温度、保温时间、作用力等镶嵌参数后,放入试样和镶嵌料,盖上压盖,按下工作按钮,可自动完成镶嵌工作,无需人工操作。

图 1.6 ZXQ-5 全自动金相试样镶嵌机

塑料热塑镶嵌常用的镶嵌料有甲基丙烯酸甲酯（俗称有机玻璃）、聚氯乙烯、聚丙乙烯等。与热固镶嵌料相比,热塑镶嵌得到的试样质地较软,但抗酸碱能力较强。热塑镶嵌和热固镶嵌操作基本一样,主要区别是热塑镶嵌须在压力下冷却,镶嵌机上有冷却

水的进出管路。

1.3 金相试样的磨光

凡是使用固定磨料(如砂纸、砂轮等)制备试样的过程都称为磨光,试样的磨光一般分为粗磨与细磨。

1.3.1 粗磨

粗磨的目的是为了获得一个平整的表面,钢铁材料试样的粗磨通常在砂轮机上进行。但在磨制时应注意,试样对砂轮的压力不宜过大,否则会在试样表面形成很深的磨痕,从而增加了细磨和抛光的困难;用手捏住试样在砂轮的侧面磨制,要尽量使试样的磨面与砂轮面平行,同时要沿着砂轮的径向来回移动,避免砂轮面磨出凹坑;要随时用水冷却试样,以免受热影响而引起组织的变化。试样边缘的棱角如不需要保存,可先行磨圆(倒角),以免在细磨及抛光时撕破砂纸或抛光布,甚至造成试样从抛光机上飞出伤人。如果是很软的材料(如铝、铜等有色金属)可用锉刀锉平,以免磨屑填塞砂轮孔隙,且使试样产生较深的磨痕和严重的塑性变形层。当试样表面平整后,粗磨就算完成,用水将试样冲洗擦干。

1.3.2 细磨

经粗磨后的试样表面虽较平整但仍还存在有较深的磨痕,如图1.7所示。因此,细磨的目的就是消除这些磨痕,以获得一个更为平整而光滑的磨面,为下一步抛光做准备。

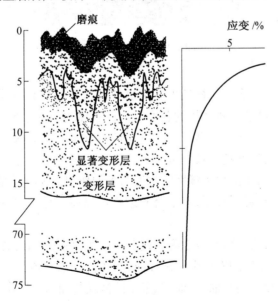

图1.7 磨制后试样表面的应变分布

细磨是在一套粗细程度不同的金相砂纸上由粗到细依次顺序进行的,分手工磨制和机器磨制。

1. 手工磨制

手工磨制又分为干磨和湿磨。干磨时可将金相砂纸放在玻璃板上,手指紧握试样并使磨面朝下,均匀用力向前推行磨制,既不能来回磨,也不能画圈磨,必须是单程单向。在更换另一号砂纸时,须将试样的研磨方向调转90°,即与上一道砂纸磨痕方向垂直,直到把上一道砂纸所产生的磨痕全部消除为止。此外,在更换砂纸时还应将试样、玻璃板清理干净,以防粗砂粒带到下一道细砂纸上产生粗的磨痕。

手工湿磨所使用的是水砂纸,装置如图1.8所示,四根压条可将四种不同粗细的水砂纸紧紧地压在玻璃板上,装置向操作者方向稍有倾斜,工作面上方有小孔,小孔流出的水流过砂纸表面,及时将磨屑和脱落的磨料冲走,减少脱落的磨料与试样表面产生不必要的划痕,同时还可以避免磨屑和脱落的磨料堵塞砂纸的孔隙,使砂纸尖锐的棱角始终与试样的磨面保持良好的切屑作用,同时流动的水起到了很好的润滑和冷却作用,防止表面过热使组织发生改变。

图1.8　手工湿磨设备

2. 机械磨制

为了加快磨制速度,金相试样还可以用机械磨制来提高磨制效率。机械磨制是将磨粒粗细不同的水砂纸装在预磨机的各磨盘上,一边冲水,一边在转动的磨盘上磨制试样磨面,将试样的磨面轻压在水砂纸上,沿径向移动并与磨盘的旋转方向相反做轻微转动,待粗磨痕完全消失细磨痕一致即可。机械磨制时磨盘上方也有水流入磨盘,这里流动的水也起到了前面所述的手工湿磨时水所起到的作用。配有微型计算机的自动磨光机可以对磨光过程进行程序控制,整个磨光过程可以在数分钟内完成。自动磨光机如图1.9所示。

磨制铸铁试样时,为了防止石墨脱落或产生曳尾现象,可在砂纸上涂一薄层石墨或肥皂作为润滑剂。磨制软的有色金属试样时,为了防止磨粒嵌入软金属内和减少磨面的划损,可在砂纸上涂一层机油、汽油、肥皂水溶液或甘油水溶液作为润滑剂。

金相试样的磨光除了要使表面光滑平整外,更重要的是应尽可能减少表层损伤。每一道磨光工序必须除去上一道工序造成的变形层,而不是仅仅把上一道工序的磨痕

图 1.9 自动磨光机

除去;同时,该道工序本身应尽可能减少损伤,以便进行下一道工序。最后一道磨光工序产生的变形层深度应非常浅,并能保证在抛光工序中除去。

砂纸磨光表面变形层的过程如图 1.10 所示。

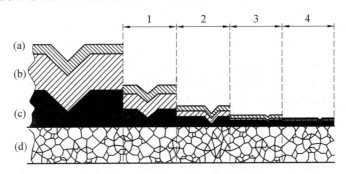

图 1.10 砂纸磨光表面变形层的过程
(a)严重变形层;(b)变形大的层;
(c)变形小的层;(d)无变形的原始组织
1—第一步磨光后试样表面的变形层;
2—第二步磨光后试样表面的变形层;
3—第三步磨光后试样表面的变形层;
4—第四步磨光后试样表面的变形层

1.3.3 磨料

粗磨大多是在砂轮机上进行,关于砂轮硬度的选择,一般遵循硬的试样选择稍软的磨料,软的试样选择稍硬的磨料的基本原则,制备金相试样用的砂轮一般选择磨料粒度为 40 号、46 号、54 号、60 号,数字越大磨料越细。材料为白刚玉(代号为 GB 或 WA)、绿碳化硅(代号 GC 或 TL)、棕刚玉(代号为 GZ 或 A)、黑碳化硅(代号 TH 或 C),硬度为中软的平砂轮(代号 ZR1 或 K)。

细磨大多在金相砂纸上进行,金相砂纸有两种,一种是干砂纸,是在干燥的条件下磨光,这类砂纸是刚玉砂纸,多半是混合刚玉磨料制成的,呈灰黑色,也有用绿色碳化硅磨料制成的,这种砂纸用的黏结剂通常是溶于水的,使用时必须干磨,或者是在无水的润滑剂下使用。表 1.3 为常见干砂纸的编号和粒度尺寸。

表 1.3　干砂纸编号和粒度尺寸

编　号		粒度尺寸/μm	备　注
粒度标号	特定标号		
280#	—	50 ~ 40	
320#(W40)	0	40 ~ 28	
400#(W28)	01	28 ~ 20	
500#(W20)	02	20 ~ 14	一般钢铁材料用 280#、320#、400#、500#四个粒度的砂纸即可,或者用特定标号为 0、01、02、03 号的砂纸
600#(W14)	03	14 ~ 10	
800#(W10)	04	10 ~ 7	
1000#(W7)	05	7 ~ 5	
1200#(W5)	06	5 ~ 3.5	
1400#(W3.5)	07	3.5 ~ 2.5	

这里面的"#"又叫目,意思是每平方英寸上的砂的数量。数量越大,砂纸越细。"W"在原 GB 2477—1983 磨料粒度及其组成标准中规定是微粉的标记,"W"是汉语"微"字拼音的字头。

另一种是水砂纸,它是以精选的、粒度均匀的、磨削效果极佳的碳化硅磨粒为磨料,采用静电植砂工艺制造出来的金相专用耐水砂纸。具有磨粒分布均匀、磨削锋利、经久耐用的特点,避免了用普通金相砂纸时灰尘大的弊端。能够使样品的磨制速度加快、变形层变浅,尤其对高硬或较硬的材料效果明显,这种砂纸背面涂有一层胶。表 1.4 为水砂纸的编号、粒度号和粒度尺寸。

表 1.4　水砂纸的编号、粒度号和粒度尺寸

编　号	粒度号	粒度尺寸/μm	备　注
320	220	—	
360	240	63 ~ 50	
380	280	50 ~ 40	
400	320	40 ~ 28	
500	360	—	一般钢铁材料用 240、320、400 和 600 四个粒度号的砂纸
600	400	28 ~ 20	
700	500	—	
800	600	20 ~ 14	
900	700	—	
1000	800	—	

　　金相用磨料的目或粒度号以及混合刚玉的级别与磨料实际尺寸之间的关系如图 1.11 所示。根据此图,只要知道所用砂纸的粒度号,便可大约知道它的实际粒度尺寸,这样就可以判断砂纸或磨料的尺寸是否合适,帮助选择磨料,节省制样时间。

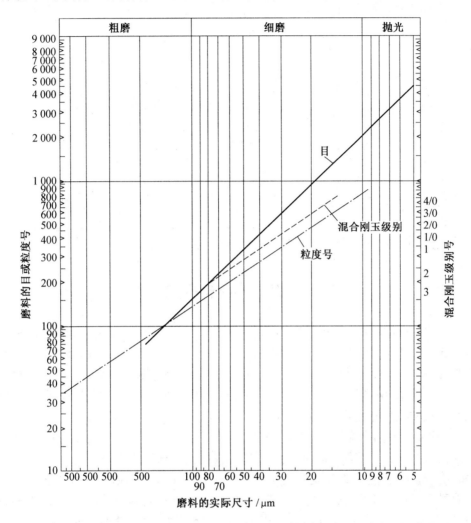

图 1.11　磨料的目或粒度号以及混合刚玉的级别与磨料实际尺寸之间的关系

　　上面介绍的是目前常见的砂纸编号,但这些都是按照老的标准标注的,为与国际标准(ISO)接轨,现等效采用 ISO 6344—1998 标准,制定了新国家标准即 GB/T 9258—2000(原标准号为 GB/T 9258—1988)。新标准中粗磨料粒度直径为 3.35~0.053 mm,从 P12~P220 共 15 个粒度号。细磨料微粉粒度直径为 58.5~8.5 μm,从 P240~P2500 共 13 个粒度号。随着新标准的广泛推广,砂纸行业会逐渐采用新标准对砂纸进行标注,使用者应逐渐熟悉新老标准的对照,正确选择砂纸的粒度。根据新标准(GB/T 9258—2000)规定,刚玉或碳化硅磨料的粒度标记和粒度组成见表 1.5。

表 1.5　微粉 P240 ~ P2500 的粒度组成

粒度标记	d_{s0} 值最大/μm	d_{s3} 值最大/μm	中值粒径 d_{s50}/μm	d_{s95} 值最小/μm
P240	110	81.7	58.5±2.0	44.5
P280	101	74.0	52.2±2.0	39.2
P320	94	66.8	46.1±1.5	34.2
P360	87	60.3	40.5±1.5	29.6
P400	81	53.9	35.0±1.5	25.2
P500	77	48.3	30.2±1.5	21.5
P600	72	43.0	25.8±1.0	18.0
P800	67	38.1	21.8±1.0	15.1
P1000	63	33.7	18.3±1.0	12.4
P1200	58	29.7	15.3±1.0	10.2
P1500	58	25.8	12.6±1.0	8.3
P2000	58	22.4	10.3±0.8	6.7
P2500	58	19.3	8.4±0.5	5.4

注:该表仅适用于按 GB/T 2481.2—1998 中的沉降管粒度仪测定。

1.4　金相试样的抛光

　　凡是使用松散磨料(如抛光膏、喷雾抛光剂以及各种磨料微粉的悬浮液)制备试样的过程都称为抛光。抛光的目的是去除金相试样磨面上因细磨留下的磨痕,以及去除在磨制过程中产生的扰动层,使试样表面成为平整、光滑、无痕的镜面。金相试样的抛光可分为机械抛光、电解抛光、化学抛光、综合抛光(即机械化学抛光和机械电解抛光),其中机械抛光简便易行,应用较广。

　　抛光是金相试样制备的最后一道工序,试样抛光后的质量不仅与抛光过程有关,而且与抛光前的细磨工序有直接的关系,因抛光仅能去除试样表面极薄的一层金属。如细磨时留下较深的磨痕,即使延长抛光时间也不会去除,反而因抛光时间过长会产生新的扰动层。遇到这种情况必须重新进行磨光,以保证试样制备的质量。所以在进行试样抛光之前,一定要检查试样磨光后的磨面质量,合格以后才能进行抛光工序。

1.4.1　机械抛光

1.机械抛光设备

　　机械抛光是在专用的抛光机上进行的,抛光机主要是由电动机和抛光圆盘(φ200 ~ 300 mm)组成,抛光盘转速不等,主要转速有 300 ~ 400 r/ min,500 ~ 600 r/ min,800 ~ 1 000 r/ min 几种。也有采用无极变频电机的,其转速可从 50 ~ 1 000 r/ min,根据使用者的需求,进行自由调节。抛光机有单盘、双盘、多盘,抛光机的结构主要由底座、抛盘、抛光织物、抛光罩及盖等基本元件组成。图 1.12 为抛光机分解图,电动机固定在底座上,固定抛光盘用的锥套通过螺钉与电动机轴相连。抛光织物通过套圈紧固在抛光盘上,电动机通过底座上的开关接通电源起动后,便可用手对试样施加压力在转动的抛光盘上进行抛光。抛光过程中加入的抛光液可通过固定在底座上的塑料盘中的排水管流入置于抛光机旁的容器内。抛光罩及保护盖可防止灰土及其他杂物在机器不使用时落在抛光织物上而影响使用效果。

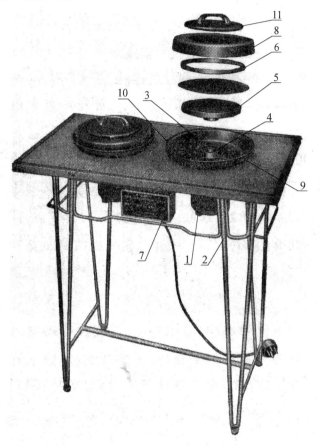

图 1.12　抛光机分解图

1—电动机;2—机架;3—锥套;4—螺钉;5—抛光盘;6—套圈;7—开关;8—保护罩;9—托盘;10—排水管;11—保护盖

抛光机的具体分类如图 1.13 所示。

(1)旋转式抛光机

旋转式抛光机有手动和自动之分,其主要区别在于手动抛光机是用手直接握住试样与抛光盘接触,一次只能抛一个试样,并且是人工添加抛光剂。自动抛光机由底座、抛光头、工作台、防护罩/保护盖、液压系统、电控系统、辅助夹具等基本元件组成,是在普通抛光机的基础上改进创新发展起来的。自动抛光机是用夹具固定试样,一次可抛 3~9 个试样,自动研磨,具有无级调速、压力动态显示、制样时间预设置和数字显示等功能。自动抛光机如图 1.14 所示。

(2)振动式抛光机

振动式抛光机的振动盘中安装有振动马达,振动盘通过振动弹簧与底座连接;振动

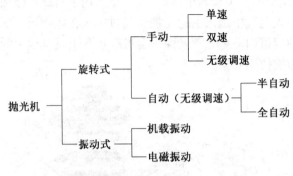

图 1.13　抛光机分类

(a) 精密研磨抛光机

(b) 自动研磨抛光机

图 1.14　抛光机

马达是振动抛光机的核心部件,这是一种特殊的振动马达,在马达的轴心两端安装有偏心块(也称振动块),通过调节两偏心块的相对角度和重量,可以很方便地调节振动抛光机的振动频率、翻转速度。振动抛光机的运动规律是试样绕自身轴向并沿抛光织物周边做自转和公转运动,同时伴随着低频率的轻微振动。振动抛光时不需要操作者握持试样,与设备配套的夹具可夹持试样,且一次可夹持多个,因此抛光效率很高。图1.15为振动式抛光机原理图。

2. 机械抛光的原理

抛光时由抛光微粉和试样磨面间的相对机械作用使磨面抛光,其主要作用有磨削作用和滚压作用。

(1)磨削作用

抛光微粉嵌入抛光织物间隙中,暂时被抛光织物的纤维所固定,露出部分刃口与试样磨面在抛光时产生切削作用。图1.16为抛光时试样磨面被切削的示意图。

(2)滚压作用

当抛光盘旋转时,暂时被抛光织物的纤维所固定的磨料微粉在离心力的作用下极易脱出,这些脱出的磨料微粉在抛光织物和试样磨面之间滚动,对试样磨面产生机械滚压作用,使表面凸起的金属向凹陷处移动,被称为"金属的流动"。因而抛光也会产生

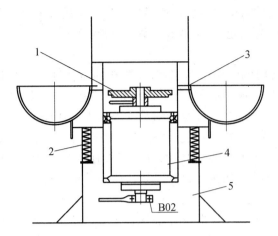

图 1.15　振动式抛光机原理图

1—偏心块;2—振动弹簧;3—振动盘;4—振动马达;5—振动机底座

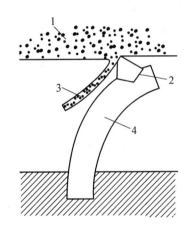

图 1.16　抛光时试样磨面被切削的示意图

1—试样;2—抛光微粉磨粒;3—切屑;4—抛光织物纤维

轻微的变形层,影响金相组织的真实性,因此在抛光过程中,压力要适当,不要过大,抛光时间也不要过长,以免造成假象。

3.抛光织物

　　机械抛光时将帆布、呢纶、呢绒等用套圈紧紧地夹在抛光盘上或粘在抛光盘上,将微粉磨料的水悬浮液洒在这些织物上,开动抛光机,将试样磨面接触磨料和抛光织物进行抛光操作。织物的作用是保存抛光微粉,储存润滑剂,保持抛光剂有合适的润滑度,避免试样表面过热,织物上的绒毛摩擦磨面使之光亮。常用的抛光织物有长毛绒、丝绒、毛呢、帆布、人造丝制品等,种类很多,抛光时选择什么样的织物,与所要抛光试样的材质和所要检验的目的有关。例如,抛光比较硬的钢铁材料,一般粗抛用帆布、呢纶或无毛呢绒等,细抛则用短毛细软呢绒或毡呢等。但是要检验钢中夹杂物或铸铁中石墨时,不要用长毛呢绒,如果用这样的呢绒抛光,会产生"拖曳"现象,夹杂物和石墨易于抛掉,无法确切地定性或定量检验。一般情况下软的金属和合金要用很软的织物,而绒布适用于软材料或最后的精抛;帆布坚固耐用,是最常用的抛光织物;绸布适用于含有石墨或夹杂物等组织的抛光;尼龙是最新型的抛光织物。

4. 抛光微粉

抛光微粉在抛光时的作用是磨削作用,微粉的研磨性能与其粒度、硬度和强度有关。微粉的硬度是指微粉表面抵抗局部塑性变形的能力,所以微粉硬度越高,切削能力越强,研磨性能越好。微粉的强度是微粉承受外力不被压碎的能力,微粉强度越高,切削力越强,寿命越高,研磨性也越好。因此必须根据实际需要选择那些磨削效率高,使抛光表面产生缺陷最小的微粉。理想的微粉应具有高的硬度,或者至少等于被抛光材料的硬度;微粉的粒度应分级细致,尺寸均匀;微粉的形状应具有多而尖锐的棱角且不易破碎。

现在常见的微粉粒度及其组成标准执行的是 GB/T 2481—1998,微粉从 F230 ~ F1200 共 11 个粒度标记,中值粒径为 53 ~ 3.0 μm。而旧标准定义粗磨粒从 F4 ~ F220 共 26 个号,基本粒筛孔尺寸为 4.75 mm ~ 63μm。对于这两种标准的标注使用者应予以关注。为便于使用者尽快熟悉两种微粉粒度标记,特列出表 1.6、1.7 供对照参考。

表 1.6　微粉的"F"标记及粒度中值

粒度标记	中值粒径 d_{s50}/μm
F230	53±3.0
F240	44.5±2.0
F280	36.5±1.5
F320	29.2±1.5
F360	22.8±1.5
F400	17.3±1.0
F500	12.8±1.0
F600	9.3±1.0
F800	6.5±1.0
F1000	4.5±0.8
F1200	3.0±0.5

表 1.7　微粉的"W"标记及基本粒尺寸

粒度标记	基本粒	
	尺寸范围/μm	质量不少于/%
W63	63 ~ 50	50
W50	50 ~ 40	50
W40	40 ~ 28	50
W28	28 ~ 20	45
W20	20 ~ 14	45
W14	14 ~ 10	45
W10	10 ~ 7	40
W7	7 ~ 5	40
W5	5 ~ 3.5	40

概括抛光微粉的性质划分,抛光微粉的种类很多,如氧化铝、氧化铬、氧化镁、碳化硅、碳化硼和金刚石等,这些微粉具有不同的硬度和不同的研磨能力,因此不同的材质抛光时要选择合适的抛光微粉。以金刚石的研磨能力为标准,设定其研磨能力为1,其他磨料的研磨能力与其比较见表1.8。

表1.8 常见抛光微粉研磨能力对比

微粉名称	研磨能力
金刚石	1
碳化硼	0.50
绿碳化硅	0.28
黑碳化硅	0.26
白刚玉	0.12
棕刚玉	0.10

从硬度上看,通常测定矿物硬度用莫氏硬度,金刚石最硬,莫氏硬度为10,其他微粉的硬度都小于金刚石,常见微粉的硬度、特点及适用范围见表1.9。

表1.9 常见微粉性能

材 料	莫氏硬度	特 点	适用范围
氧化铝(Al_2O_3)（刚玉,包括人造刚玉）	9	白色透明,α氧化铝微粉外形呈多角形,平均尺寸为0.3 μm;γ氧化铝外形呈薄片状,压碎后成细小的立方体,粒度为0.01 μm	通用于粗抛光和精抛光
氧化镁(MgO)	5.5～6	白色,颗粒细而均匀,外形尖锐呈八面体	适用铝、镁及其合金,非金属夹杂物等精抛光
氧化铬(Cr_2O_3)	9	绿色,硬度较高,比氧化铝抛光能力略差	淬火后的合金钢、高速钢及钛合金等
氧化铁(Fe_2O_3)	6	红色,硬度稍低,易形成扰动层	适用于较软金属及其合金或光学零件
碳化硅(SiC)（金刚砂）	9.5～9.75	有黑、绿色两种,颗粒较粗	用于粗抛光
碳化硼(B_4C)	9.36	灰黑色粉末,硬度仅次于金刚石	用于硬质合金、宝石的抛光
金刚石微粉（膏）	10	粒尖锐、锋利,磨削效果好,寿命长,扰动层小	各种材料的粗、精抛光,是理想的抛光磨料

抛光微粉主要有三种类型,即悬浮液抛光剂、膏状抛光膏和喷雾抛光剂。

(1)悬浮液抛光剂

它是抛光微粉与适当溶剂配制而成,一般为100 mL的蒸馏水加入5～10 g的氧化铝抛光粉或10～15 g的氧化铬抛光粉制成悬浮液,由于抛光微粉极易沉淀,所以在使用时要经常晃动装有抛光剂的容器以使抛光剂均匀。

（2）抛光膏

它是在抛光微粉中加入油溶性或水溶性辅助材料制成的,分为油溶性和水溶性两大类。抛光膏在使用时需用抛光液稀释,油溶性抛光膏使用时需用煤油或其他油类抛光液稀释,水溶性抛光膏使用时需用水、甘油等抛光液稀释,抛光后需用水、酒精等清洗,抛光液应具有一定的黏度和稀释能力才能黏吸磨料并使之均匀,具有较好的润滑和冷却能力。最常用的抛光膏有:

金刚石抛光膏,适用于各种金属及合金的金相试样抛光,但相对来说价格较高;

氧化铬抛光膏(也称绿皂),适用于黑色金属试样的抛光;

氧化铝抛光膏(也称白皂),适用于有色金属及合金的抛光;

氧化铁抛光膏(也称红皂),适用于较软的金属、玻璃或宝石的抛光。

（3）喷雾抛光剂

将抛光微粉中加入润湿剂、蒸馏水制成的悬浮液经过特殊工艺密封于金属筒内,筒内具有一定的压力,压下顶部按钮,悬浮液均匀成雾状喷射到抛光织物上,具有很好的抛光效果。

5.机械抛光的操作

制备标准的金相试样除正确选择抛光微粉和抛光织物以外,还应有正确的操作方法和逐渐积累的抛光经验,因此抛光时应遵循以下操作步骤:

（1）清洁试样及相关材料

在抛光时,试样和操作者的双手及抛光织物必须清洁。因为有的试样在抛光前的磨制工序时会用到油或洗涤剂作为润滑剂,这些试样在抛光前应该用无水酒精、丙酮、甲醇等有机溶剂进行清洗,然后用吹风机吹干。磨制时采用干磨的试样也要用流动的水将试样清洗吹干,免得粗砂粒带到抛光盘上,给试样造成较深的划痕。

（2）选择合适的材料

根据试样的材质和要求,选择合适的抛光剂(或抛光膏、喷雾抛光剂等)和抛光织物。

（3）积累经验

操作者用拇指、食指和中指平稳握住试样,将试样磨面在靠近旋转的抛光盘的中心部位平行接触,适当用力,因为用力过大,试样会很快发热,表面会变得灰暗,同时也会增大变形层。用力过小,抛光效率又太低,耗费时间过长。因此手工抛光用力的大小无法定量要求,只能是操作者凭借熟练的技巧和积累的工作经验来掌握。在抛光的过程中,要不断地向抛光盘内注入抛光剂,手握试样要逆着抛光盘的旋转方向移动,同时也要将试样在抛光盘的中心和边缘之间来回移动,一是避免试样在抛光过程中产生"拖曳"现象,二是防止抛光织物的局部磨损。在抛光过程中还要使抛光织物保持一定湿度,湿度太大会减弱抛光的磨削作用,使试样中硬相呈现浮凸和钢中非金属夹杂物及铸铁中石墨相产生"拖曳"现象;湿度太小,由于摩擦生热会使试样升温,润滑作用减小,磨面失去光泽,甚至出现黑斑,轻合金较软则会抛伤表面。在检验抛光织物的湿润度时,以试样在抛光盘上拿起,湿润膜能在 2 ~ 5 s 干燥为宜。

（4）粗抛和精抛

如果设备比较齐全，抛光过程可以分两步进行，即粗抛和精抛。粗抛的目的是去除磨光产生的磨痕和损伤层，这一阶段应具有最大的抛光速率，粗抛形成的表层损伤是次要的考虑，不过也应当尽可能小。要求转盘转速较低，最好不要超过 600 r/min；抛光时间应当比去掉划痕所需的时间长些，因为还要去掉变形层。粗抛后磨面光滑，但黯淡无光，在显微镜下观察有均匀细致的磨痕，有待精抛消除。精抛或称终抛，其目的是去除粗抛产生的表层损伤，使抛光损伤减到最小。精抛时转盘速度可适当提高，抛光时间以抛掉粗抛的损伤层为宜。精抛后磨面明亮如镜，在显微镜明视场条件下看不到划痕。

（5）检查抛光试样

无论是制备黑色金属试样还是有色金属试样，也无论是硬材质试样还是软材质试样，最后的目的都是要得到一个光滑的镜面，所以在完成抛光工序时立即冲水清洗试样，用无水酒精擦拭并用热风吹干，随后对试样进行检查。首先是肉眼的整体观察，将试样的抛光面对光线边转动边观察，看表面是否平整且光洁度好；是否有污渍、水迹和抛光剂的残留物；是否有划痕和变形扰动层。如果金相摄影的试样还需要用显微镜进一步检查，把试样放在 100 倍的显微镜下观察，看是否有影响金相摄影的细划痕、是否有抛光产生的麻点、是否有组织或个别相产生"拖曳"现象。有的缺陷可以重新抛光消除，有的则需要重新磨制再抛光消除，视具体情况分析解决。

6. 机械抛光的优缺点

机械抛光的优点：操作方便，无毒无腐蚀，经济实惠，得到的抛光面平坦。缺点：容易形成厚的金属扰动层。

1.4.2 电解抛光

电解抛光是把工件作为阳极与不溶性金属作阴极一起置于电解液中，在通电条件下，使工件表面有选择性溶解而得到平整，达到高度光滑及光泽的外观。

1. 电解抛光装置

电解抛光时需要有电源、整流器、电极棒、冷却管、加热器、挂具、铅板、电解槽、排风等装置。有专门为电解抛光设计的整套装置，如图 1.17 所示，EP-05 型电解抛光腐蚀仪：电压为 0～30 V，电流为 0～10 A，电流大，可用于大部分金属材料的抛光和腐蚀，经济实用；而 EP-06 型电解抛光腐蚀仪：电压为 0～100 V，电流为 0～6 A，可用于所有金属材料的抛光和腐蚀。可和计算机连接，直接得到样品的电流-电压曲线，为确定材料的最佳抛光、腐蚀参数提供依据。

这种设备用起来简单方便，试样抛光后的效果比较稳定。图 1.18 为简易电解抛光原理，根据简易电解抛光原理图，可以自行购买相关零件组装设备。这种自制设备通常采用直流电源，电压为 0～60 V，电流表以毫安和安为刻度，并有直流输出正负极插口。作为电解槽的容器可以使用玻璃烧杯或微波炉用的塑料盒。如果电解液需要较低温度，可将电解槽放在另一个盛有冷却水的容器中，可以向水中加入冰块或液态氮。如果电解液需要较高温度，可以将电解槽放在水浴箱中加热。为了准确掌握电解液的温度，

(a)EP-05型电解抛光腐蚀仪

(b)EP-06型电解抛光腐蚀仪

图1.17 电解抛光腐蚀仪

可在电解液中放置一个温度计测量温度。

电解抛光用的阴极材料可以是不锈钢板、铅板、铝板和铝合金板。

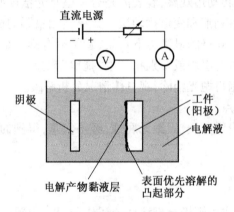

图1.18 简易电解抛光装置图

2. 电解抛光原理

关于电解抛光原理的争论很多,被公认的主要为薄膜理论。薄膜理论解释的电解抛光过程是:电解抛光时,靠近试样阳极表面的电解液,在试样上随着表面的凸凹不平形成了一层薄厚不均匀的黏性薄膜,这种薄膜在工件的凸起处较薄,凹处较厚,此薄膜具有很高的电阻,因凸起处薄膜薄而电阻小,电流密度高而溶解快;凹处薄膜厚而电阻大,电流密度低而溶解慢,由于溶解速度的不同,凹凸不断变化,粗糙表面逐渐被平整,最后形成光亮平滑的抛光面。

电解抛光过程的关键是形成稳定的薄膜,而薄膜的稳定与抛光材料的性质、电解液的种类、抛光时的电压大小和电流密度都密切相关。根据实验得出的电压和电流的关系曲线称为电解抛光特性曲线,根据它可以决定合适的电解抛光规范。

吉奎特研究了许多金属和合金电解抛光特性,得到不同类型的电解抛光曲线,比较典型的如图1.19所示,图中Me代表金属,Me^+代表金属离子,e代表电子。他将电解抛光曲线分为两类,图1.20为第一类电解抛光特性曲线,铜、钴、锌、镁、钨等金属及其合金属于此类。

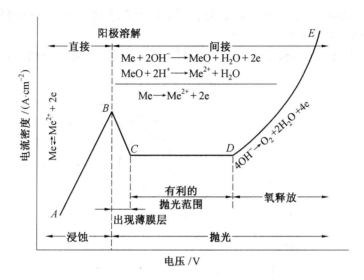

图 1.19 典型的电解抛光曲线

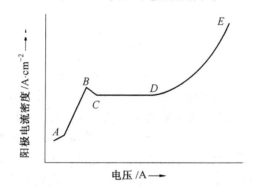

图 1.20 第一类电解抛光特性曲线

（1）A 到 B，电流随电压的增加而升高，电压比较低，不足以形成一层稳定的薄膜，即使一旦形成也很快就溶入电解液中，不能电解抛光。此时，只有电解浸蚀现象，电解浸蚀是在此段进行的。

（2）B 到 C，试样表面形成一层反应产物的薄膜，电压升高，电流下降。

（3）C 到 D，电压升高，薄膜变厚，相应的电阻增加，电流保持不变。由于扩散和电化学过程，产生抛光。金属的电解抛光主要发生在这个阶段。

（4）D 到 E，有氧气产生，由于氧气的形成，导致试样表面点蚀。这是由于表面吸附气泡，使膜厚局部减小而产生的。

在实际电解抛光过程中，观察 BC、CD 和 DE 各段，发现只有 C 到 D 之间没有发生和其他现象（钝化膜形成和氧释放）的重合。因此大多数金相电解抛光规范相当于 CD 的水平线段，很少使用 DE 段。而 CD 段越宽越有利于电解抛光，DE 段多用于工业生产（阳极光亮法）。

这里还需要说明一点是图示所包含的线段,在实际的测量中并不总是这么明显,对于电阻很大的电解质,根本不可能分清各个线段,有些金属也不可能分清各个线段,需经实践才能确定出正确的抛光区域。

图1.21为第二类电解抛光特性曲线,铁、铝、铅、锡、镍、钛等金属及其合金属于此类。

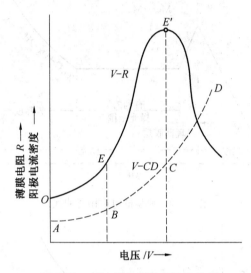

图1.21　第二类电解抛光特性曲线

图中虚线 ABCD 是第二类电解抛光曲线,从曲线上看,没有明显的分段,但整个曲线所产生的物理化学现象与第一类电解抛光特性曲线一样,按薄膜的形成与击穿过程可以人为地分成几段。实线 OEE' 是电压与电阻的关系曲线。OE 段电压过低,只有腐蚀作用,电子变化较小,EE' 段为电解抛光阶段形成稳定薄膜。当电压继续增加,到达 E' 时薄膜最厚,电阻值也最高,再增加电压,薄膜被击穿,电阻值下降,产生点蚀现象而无抛光作用。电解抛光时电压可控制在 EE' 段。

3. 电解抛光溶液

采用电解抛光处理试样时,要得到理想的抛光面,选择合适的抛光液至关重要。根据电解抛光过程的特性和操作的需要,通常对电解液有如下要求:

①有一定的黏度。

②在没有电流通过时,阳极不浸蚀,在电解过程中阳极能够很好的溶解。

③在电解液中应该包含一种或几种大半径的离子,如 $(PO_4)^{3-}$、$(ClO_4)^{1-}$、$(SO_4)^{2-}$ 或大的有机分子。

④便于室温时使用,随温度的改变不敏感。

⑤配置时应该简单、稳定、安全。

常用的电解抛光液由酸类、电离液体和添加剂组成。

酸类:过氯酸、铬酸、磷酸、硝酸等,它们都具有氧化能力。磷酸是抛光液的主要成分,它所生成的磷酸盐黏附在阳极表面,在抛光过程中起重要作用。硫酸可以提高抛光速度,但含量不能过高,以免引起腐蚀。铬酸可以提高抛光效果,使表面光亮。

电离液体:水、酒精、醋酸等,它们的作用是冲淡酸类,并能在抛光过程中溶解产生的薄膜。

添加剂:甘油、丁甘酸、尿素等,它们的作用是提高电解抛光液的黏度。

电解抛光液按使用温度分为两类:

①热电解抛光液使用温度在50 ℃以上,如铬酸电解液。

②冷电解抛光液使用温度在50 ℃以下,如过氯酸电解液。

在有关的金属手册中给出了许多种电解液供选择,吉奎特首先推荐使用的电解液是高氯酸-醋酸-水溶液,这种电解液的抛光效果好。但高氯酸是强酸,配置时一定注意安全,否则有发生爆炸的危险。图1.22是高氯酸-醋酸-水溶液的三元相图。

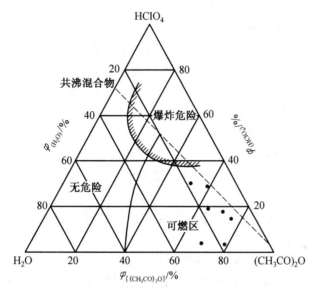

图1.22 高氯酸-醋酸-水溶液的三元相图

从图1.22可以看出,可燃区是需要的电解液成分。由于液体混合后,温度会升高,溶液会蒸发,成分局部发生变化,一旦进入爆炸危险区就会引起爆炸,因此必须注意安全。在配置和使用时都应用冰水冷却,将温度严格控制在30 ℃以下。为了便于查找,现将常用的电解液列于表1.10中。

表1.10 常用的电解液和规范

电解液名称	成分/mL		规范	用 途
高氯酸-乙醇-水溶液	乙醇	800	30 ~ 60 V 15 ~ 60 s	碳钢、合金钢
	水	140		
	高氯酸(60%)	60		
高氯酸-甘油溶液	乙醇	700	15 ~ 50 V 15 ~ 60 s	高合金钢、碳钢、不锈钢
	甘油	100		
	高氯酸(30%)	200		

续表 1.10

电解液名称	成分/mL		规范	用　途
高氯酸-乙醇溶液	乙醇	800	35～80 V	不锈钢、耐热钢
	高氯酸(60%)	200	15～60 s	
铬酸水溶液	水	830	1.5～9 V	不锈钢、耐热钢
	铬酸	620	2～9 min	
磷酸水溶液	水	300	1.5～2 V	铜及铜合金
	磷酸	700	5～15 s	
磷酸-乙醇溶液	水	200	25～30 V	铝
	乙醇	380	4-6 s	
	磷酸	400		

4. 电解抛光的注意事项

操作者要根据电解抛光的试样材质,认真查阅有关手册中给出的电解液和电解规范进行抛光操作。但由于材质的差异、所给数据的不确定或不完整,得到的抛光效果不一定理想,这时就需要经过实验得出各个参数的最佳值,即电压、电流、温度、抛光时间、阴阳极间的距离和阴阳极的表面积比等。

5. 电解抛光的操作步骤

①测量试样抛光的表面积。

②试样的清洗。磨制完的试样要用洗涤剂彻底清洗,清洗之后再用蒸馏水漂洗,也可用超声波清洗。

③不锈钢夹子夹住试样,同时用导线将夹子与电源的正极连接。

④向电解槽中注入电解液。

⑤将已经于电源负极连接好的阴极板放入电解液中。

⑥把试样放入电解液中,接通电源,调整电压到所要求的数值,记下时间。

⑦如果需要,可调整阴阳极间的距离,调整电流密度。

⑧达到所要求抛光时间后,取出试样,切断电源。立即用水对试样进行漂洗,再用酒精漂洗,干燥后就得到了抛光好的试样。

6. 电解抛光的优缺点

电解抛光由于没有机械力的作用,所以没有变形层产生,也没有金属扰动层,能够显示试样材质的真实组织。由于抛光时试样是浸泡在电解液中,电解液对试样有浸蚀作用,有些试样抛光后就可直接观察组织,不必再进行组织显示。电解抛光特别适合于容易产生塑性变形而引起加工硬化的金属材料和硬度较低的单相合金,比如高锰钢、有色金属、易剥落硬质点的合金和奥氏体不锈钢等。

尽管电解抛光有如上优点,但它仍不能完全代替机械抛光,因为电解抛光对金属材料化学成分的不均匀性、显微偏析特别敏感,所以具有偏析的金属材料基本上不能进行电解抛光。含有夹杂物的金属材料,如果夹杂物被电解液浸蚀,则夹杂物有部分或全部被抛掉,这样就无法对夹杂物进行分析。如果夹杂物不被电解液浸蚀,则夹杂物保留下来在抛光面上形成突起。对于只有两相的金属材料,如果这两个相的电化学性相差很大,则电解抛光时会产生浮雕。

1.4.3 化学抛光

化学抛光应用于金相样品的制备已有几十年的历史了,拜佳德 1952 年用硝酸(30 mL)-氢氟酸(70 mL)-水(30 mL)的溶液抛光纯铁和低碳钢,赛克斯 1955 年用草酸(25 g)-过氧化氢(10 mL)-硫酸(1 滴)-水(1 000 mL)溶液对碳钢进行了化学抛光,这些试验都取得成功。随后许多金相工作者,也用化学抛光对各种钢材进行试验,都各有结果。柯瑞斯特等 1973 年把区域提纯的铁、电解铁和 0.08% C 钢,经粒度号 600 的碳化硅砂纸磨光后,用过氧化氢(30% 浓度的 H_2O_2 80%)-氢氟酸(48% 浓度的 HF 5%)-蒸馏水(15%)溶液,擦抹抛光后,得到良好的金相检验表面。奈斯特等 1976 年用这种溶液对低合金高强度钢进行化学抛光和化学抛光减薄,取得好的结果。

化学抛光是将试样浸入适当的抛光液中,依靠化学药剂对表面的不均匀性溶解而使试样磨面变得光亮。

1.化学抛光机理

化学抛光的实质与电解抛光类似,也是一个表层溶解过程。在金属试样表面,由于各组成相的电化学电位不同,形成了许多微电池,因此在化学溶液中会产生不均匀溶解。溶解过程中表层也产生一层氧化膜,但化学抛光对试样原来凸起部分的溶解速度比电解抛光慢,因此经化学抛光后的磨面虽较光滑,但不平整,有波浪起伏,这种起伏一般在显微物镜的垂直鉴别能力之内,利用低倍和中倍显微镜就可观察到。

2.化学抛光溶液

化学抛光溶液的组成主要有氧化剂和黏滞剂。氧化剂的作用是抛光,主要是酸类和过氧化氢,常用的酸类有:草酸、氢氟酸、磷酸、铬酸、醋酸、硝酸等。黏滞剂用于控制溶液的扩散和对流速度,增加黏性薄膜的活性,使化学抛光过程均匀进行。试样抛光时要根据试样材质选择合适的抛光剂,常用化学抛光溶液见表 1.11。

表 1.11　常用化学抛光溶液

成　　　分		工作条件	用　　途
硝酸	70 mL	100 ~ 120 ℃ 2 ~ 6 min	适用于铝及铝合金
醋酸(36%)	12 mL		
蒸馏水	15 mL		
双氧水	43 mL	室温 2 ~ 5 min	适用于锌
硫酸	27 mL		
蒸馏水	900 mL		
磷酸	55 mL	55 ~ 80 ℃	适用于铜及铜合金
醋酸	25 mL		
硝酸	20 mL		

续表 1.11

成　　分		工作条件	用　　途
双氧水	100 mL	室温	适用于碳质量分数为 0.1% ~ 0.8% 的碳钢及合金钢
氢氟酸	14 mL		
蒸馏水	100 mL		
盐酸	30%	70 ~ 80 ℃	适用于不锈钢
硫酸	40%		
四氯化碳	5.5%		
蒸馏水	24.5%		
蒸馏水	100 mL	室温 3 ~ 4 min	适用于高锰钢
双氧水(30%)	4 ~ 6 mL		
草酸	5 g		
硫酸铜	0.5 g		

3. 化学抛光的操作

化学抛光不需要特殊的设备,根据试样的材质选择化学抛光溶液的配方,用瓷质或玻璃容器盛抛光液即可,配制溶液时,有些药品需要加热才能溶解,同时在配制溶液时一定要注意安全,因为有的药品属于强酸,腐蚀性很强(如氢氟酸、过氧化氢等)。进行化学抛光的试样对试样磨制后表面的光洁度要求不高,一般磨到 P800 号(W28)即可。抛光时,把清洗干净的试样用竹夹或木夹夹住放在抛光液中,摆动试样以驱除试样表面上的气泡,几秒到几分之后,表面的粗糙痕迹去掉,得到无变形的抛光面。再次清洗干净后吹干,因为化学抛光有浸蚀作用,所以可直接在显微镜下检验。

化学抛光液在使用过程中,由于酸的挥发和试样上溶掉的金属离子的增多,抛光作用会减弱,如发现溶液变色,抛光速度减慢或气泡减少,就应该及时更换新的抛光液。

4. 化学抛光的优缺点

优点:操作简单,成本低廉,不需要特别的仪器设备,对原来试样表面的光洁度要求不高,化学抛光兼有腐蚀作用,抛光后可直接观察,抛光后的试样表面没有扰动层,有些非导体材料和镶嵌试样也可以用化学抛光,可同时抛光多个试样。这些优点给金相工作者带来很大的方便。

缺点:抛光液消耗快,试样的棱角易浸蚀,抛光的表面光滑,但易出现不平坦,高倍检验受到限制,很难掌握最佳的抛光条件,夹杂物容易被腐蚀掉。

1.4.4　综合抛光

机械抛光、电解抛光、化学抛光这三种方法各有优缺点,也都得到了广泛应用,但在实际应用中发现,由于试样材质成分的多样化,有时采用单一的抛光方法往往得不到理想的抛光表面,因此人们就发明了综合抛光法,即化学-机械抛光、电解-机械抛光,弥补了单一抛光的不足。

1. 化学-机械抛光

化学-机械抛光,既可以采用同步进行的方法也可以采用交替进行的方法。同步进行的方法就是把化学抛光液稀释成1∶2或1∶10,然后加入抛光微粉,在机械抛光盘上进行抛光,在抛光过程中,试样表面既受到抛光微粉的磨削作用,又受到化学试剂的浸蚀作用,直接显示金相组织。很多金属材料(特别是硬质合金)试样制备均适合这种方法。交替进行的方法是机械抛光按常规方法进行,抛几分钟后,用竹夹夹住试样放入事先选定的抛光液中晃动十几秒钟,目的是腐蚀去除机械抛光产生的氧化层和扰动层。之后再次进行机械抛光和化学抛光的反复交替,直至试样表面光亮洁净达到标准。这种化学-机械抛光交替进行的方法适用于一些易产生变形层和易氧化的软金属试样,如铅、锡等。

2. 电解-机械抛光

电解-机械抛光是将电解抛光和机械抛光结合为一体的试样抛光方法,其装置如图 1.23 所示。

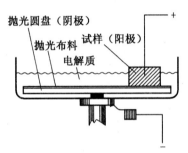

图 1.23　电解-机械抛光示意图

试样作为阳极,抛盘作为阴极,通过充满电解液的抛光织物构成一直流回路,产生电解作用,在试样磨面迅速形成电解阳极钝化膜,该膜瞬间即被带有磨料且不断旋转的抛光织物磨掉。由于抛光过程中试样表面的凸起部分与磨盘间的间隙小,电流密度大,而使电解作用显著大于凹陷部分,能产生较厚的钝化膜,而钝化膜又被旋转的抛光织物磨掉,经反复地作用,试样上新的凸点产生而又被磨掉,试样最后达到平整。

电解-机械抛光所用的电解质一般是浓度很稀的溶液,如硫代硫酸钠、硝酸、草酸、苦味酸、过氧化氢等。

1.5　金相试样显微组织的显示

光学金相显微镜是利用试样抛光面的反射光成像的。而抛光后的试样表面是平整光亮、无痕的镜面,放在显微镜下只能观察到裂纹、石墨、孔洞、非金属夹杂物等,要看到金属的显微组织,应使试样抛面上各相或其边界的反射光强度或色彩有所区别。这就需要对试样抛光面采取适当的显示方法,使试样各组织之间呈现良好的衬度,这就是金相试样组织的显示。金相组织显示方法可分为光学法、浸蚀法、干涉层法和高温浮凸法等。表1.12 列出各种金相试样组织显示方法。

表 1.12　各种金相试样组织显示方法

方法	物理	物理-化学	化学
光学法	明场、暗场、偏振光相衬、微分干涉衬度	—	—
浸蚀法	热蚀、阴极真空浸蚀	电解浸蚀、恒电位选择浸蚀	化学浸蚀
干涉层法	热染、真空镀膜、离子溅射成膜	阳极复膜 恒电位阳极化及阳极沉积	化学染色
高温浮凸法	高温金相法		
其他			装饰显示法

1.5.1　光学法

　　光学法是抛光完的试样清洗干净且干燥后,不经任何处理直接在显微镜下进行观察的方法。光学法适用于研究试样的组成相与基体对入射光反射能力的差异。由非金属元素组成的相,对光线的反射能力远远低于金属,比如,要研究灰口铸铁、球墨铸铁中的石墨形态、分布状况、石墨大小等,可用光学法直接观察。研究铸造铝硅合金中的初晶硅和共晶体中的晶硅也可以用此方法。另外光学法也可以观察非金属夹杂物,因为它们不仅反射光强度不同,而且有特殊的颜色,有的在光线照射下透明,有的不透明。这些特性为观察材料的显微组织提供了重要依据。

　　在一些立式显微镜和卧式显微镜中,都有偏振光、相衬和微差干涉衬度等装置,使光学法得以充分应用。试样无需人为地浸蚀或覆膜,不但节省时间和试剂等材料,同时避免了测试过程中可能造成的假象,误导人们的分析。

1.5.2　浸蚀法

　　实验室经常使用的浸蚀方法有化学浸蚀法和电解浸蚀法。

1. 化学浸蚀法

　　化学浸蚀法是将抛光好的试样磨面浸入化学试剂中或用化学试剂擦拭试样表面一定时间,从而显示出显微组织的方法。

　　(1)化学浸蚀法的原理

　　化学浸蚀是试样表面电化学的溶解过程。金属或合金中的晶粒与晶粒之间,晶粒与晶界之间,以及各相之间的物理化学性质不同,它们所具有的自由能也不同,当受到化学试剂浸蚀时(此时的化学试剂也叫电解质溶液),会发生电化学反应。由于各相在电解质溶液中具有不同的电极电位,可形成许多的微电池,较低电位的部分是微电池的阳极,溶解较快,能迅速溶入电解液中,溶解处呈现凹陷或沟槽,而较高电位的另一相成为阴极,保持原光滑平面。例如,在显微镜下观察纯铁的金相组织,如图 1.24 所示。由于光线在晶界处被散射,不能全部进入物镜,因此显示出弯曲的黑色晶界,而在晶粒平面上的光线散射较少,大部分反射进入物镜呈现白亮色,从而显示出晶粒的大小和形状。

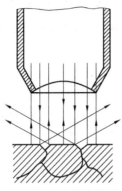
(a) 晶界处光线的散射

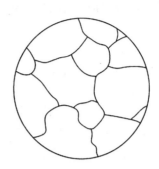
(b) 直射光反射为亮色晶粒

图 1.24 纯铁组织显示原理

(2)纯金属与单相合金的浸蚀

纯金属与单相合金的浸蚀如图 1.25 所示。

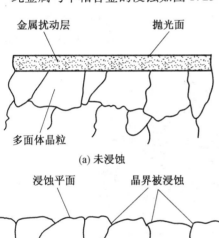

金属扰动层　　　抛光面

多面体晶粒

(a) 未浸蚀

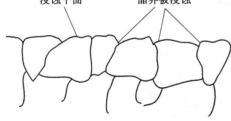

浸蚀平面　　　晶界被浸蚀

(b) 晶界浸蚀

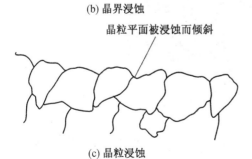

晶粒平面被浸蚀而倾斜

(c) 晶粒浸蚀

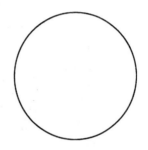

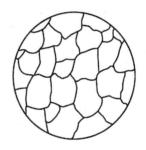

图 1.25 单相合金的化学浸蚀过程示意图

当把抛光后的试样磨面与化学浸蚀剂接触时,首先溶掉的是抛光面上的形变扰动层,接着是晶界作为阳极而被快速溶解形成凹陷,晶粒本身浸蚀轻微,在显微镜下可显示出清晰的组织。

(3)多相合金的浸蚀

多相合金的浸蚀比较复杂,除具有单相合金的反应特征外,由于组织中有明显不同的相组成物,电极电位差异较大,试样表面与化学浸蚀剂接触时发生的反应也会强烈。多相合金的电化学腐蚀过程以珠光体为例,片状珠光体是铁素体和渗碳体相间隔的片层组织,铁素体的电极电位为-0.4~-0.5 V,渗碳体略低于+0.37 V,在稀硝酸浸蚀剂中铁素体为阳极,渗碳体为阴极,因此铁素体被均匀地溶去一薄层,但在两相交界处则被浸蚀较深呈现凹陷。在显微镜下观察可出现三种情况:在高倍显微镜下观察,如图1.26(a)所示,渗碳体片和铁素体片都是白色的,由于两个相的高度不同,在直射光的照射下可显现出相界。如适当降低显微镜的放大倍数,如图1.26(b)所示,当物镜的鉴别能力小于渗碳体厚度时,渗碳体片两相界线合为一体成为一条条的黑线,这些片状黑线就是组织中的渗碳体,但不能说渗碳体被浸蚀成黑色。如果再降低显微镜的放大倍数,如图1.26(c)所示,当物镜的分辨能力小于珠光体的片层间距时,原来片层状的珠光体就呈现黑块状。

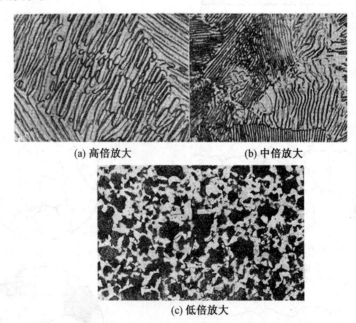

(a) 高倍放大　　　　　(b) 中倍放大

(c) 低倍放大

图1.26　不同放大倍数下的珠光体

(4)化学浸蚀剂

化学浸蚀剂是为显示金相组织用的特定的化学试剂。各种浸蚀剂所包含的化学药品归纳起来有:酸、碱、盐、酒精和水等。

通常浸蚀剂的浸蚀能力主要取决于溶液中氧化性离子的本性,而不是浓度。因此,调节浸蚀剂的浸蚀能力,主要手段是调节氧化性离子的种类和配比。对试样进行浸蚀时,并不是浸蚀剂的浸蚀能力越强越好,如果试样组织中电化学行为差异小,有的细微组织由于过度浸蚀而不能区分,这时改用浸蚀能力弱的浸蚀剂,就能很好地区分细节。各类浸蚀剂在金相浸蚀剂手册中均可查到,为便于使用,把常用的浸蚀剂列于表1.13中。

表1.13 常用浸蚀剂

序号	名 称	组成(配比)	用 途	
1	硝酸酒精溶液	硝酸(1.42)1~5 mL,甲醇(乙醇)100 mL	可染黑P显现F相界,M及M回火产物的组织,用于碳钢、低合金钢和铸铁	
2	苦味酸酒精溶液	苦味酸(结晶)4 g,乙醇100 mL		
3	过硫酸铵溶液	过硫酸铵10 g,水90 g	可染黑铁素体显现铜、黄铜、锡青铜等合金	
4	硝酸盐酸甘油溶液	硝酸(1.42)10 mL,甘油30 mL,盐酸(1.19)20~30 mL	显现淬火状态下的高铬钢、A体高锰钢	
5	王水	盐酸：硝酸为3:1	显现不锈钢和不锈合金的组织	
6	苦味酸—水饱和溶液	苦味酸、水(用稀苛性钠中和)	50 ℃下浸蚀,显示高锰钢组织	
7	苦味酸钠碱性溶液	苦味酸2 g,苛性钠25 g,水100 mL(85 ℃)	显现Fe_3C(黑),Cr、W的碳化物不变色	
8	氯化铁盐酸溶液	(a)氯化铁10g,盐酸25 mL,水100 mL (b)氯化铁5g,盐酸10 mL,水100 mL	显现铜、黄铜、锡青铜和铝青铜等,黄铜的β相被染黑;也可用来显现宏观组织	
9	氨水与双氧水溶液	氨水(0.88)5份,双氧水(3%)2~5份,水5份	显现铜、青铜组织,须在新配制的情况下使用	
10	氢氟酸水溶液	氢氟酸(48%)0.5 mL,水99.5 mL	显现硬铝及铝基铸造合金组织	
11	苛性钠水溶液	苛性钠1~10 g,水99~90 g		
12	混合酸	氢氟酸(浓)1 mL,盐酸(1.19)1.5 mL,硝酸(1.42)2.5 mL,水95 mL	显现硬铝组织	
13	三P试剂	铁氰化钾10 g,亚铁氰化钾1 g,氢氧化钾30 g,蒸馏水100 g	FeB为深褐色,Fe_2B为黄色;60 ℃15 s;20 ℃10~15 s	
14	苦味酸浸蚀剂(碱)	苦味酸5 g,氢氧化钠25 g,水100 g	30sFeB兰色,Fe_2B为黄色;时间短时,FeB为棕色,Fe_2B淡黄色	
15	苦味酸水溶液	苦味酸(含35%水)5 g,洗涤剂0.8 g,新洁尔灭30 g,水100 mL	60~70 ℃30 s多次抛光浸蚀,显示A体晶粒	
16	冰醋酸溶液	冰醋酸：水为3:7	显现铅-锌合金	用于三元合金
17	氯化铜的氨水溶液	氨水(0.88)90 mL;氯化铜10 g	显现铬-镍锌合金	
18	亚温淬火浸蚀剂	1%的偏重亚硫酸钠水溶液:4%的苦味酸钠酒精溶液为1:1	稍加热,α铁呈黑色,M不变,用新鲜液	
19	氯化铁盐酸水溶液	氯化铁5克盐酸50 mL水100 mL	显示不锈钢组织	

（5）浸蚀操作及注意事项

化学浸蚀应在浸蚀台上进行，台面铺上耐酸、碱的瓷砖或胶皮，台上应有通风橱，台的侧面应有自来水管、水池和电源开关。一般浸蚀过程是：对抛光后的试样清洗→酒精擦拭→浸蚀→流动水清洗→酒精擦拭→吹风机吹干。具体操作方法有三种：

①浸入法。用不锈钢夹子或竹夹子夹住试样，使其抛光面向下浸入盛有浸蚀剂的容器中，并不断摆动试样，但不得擦伤表面，经过一定的时间，待表面发生变色后，立即拿出用流动的清水冲洗，再用酒精擦拭，吹风机吹干即可。

②滴蚀法。操作者的手戴上耐酸、碱手套，一手握住试样并使其抛光面向上，另一手用滴管吸入浸蚀剂并快速向试样抛光面滴上几滴浸蚀剂，使浸蚀剂充满试样整个抛面，待达到要求后立即结束浸蚀，进行从冲洗到吹干的过程。

③擦蚀法。用不锈钢夹子或竹夹子夹住沾满浸蚀剂的棉球擦拭试样的抛光表面，待一定时间，达到需要的浸蚀程度后，停止擦拭，进行从冲洗到吹干的过程。这种方法对于异种合金焊缝的浸蚀或有渗层的试样浸蚀更适用，它可以对耐浸蚀部分单独浸蚀，从而使整个表面都达到理想的浸蚀程度。

浸蚀时要根据试样材质和浸蚀剂的浸蚀能力，掌握好浸蚀时间，一般当抛光面失去光泽变成灰暗色即可，时间常从几秒到几分钟不等，以在显微镜下能观察到清晰的显微组织为准。浸蚀后的试样在显微镜下观察，不能保证百分之百地达到要求。如果浸蚀得太浅，有的试样可直接再浸蚀一次，而有的试样需重新抛光后再浸蚀，如果不经抛光重新浸蚀，会在晶界处形成"台阶"，影响组织观察；如果浸蚀过重，则必须抛光甚至重新细磨再抛光浸蚀。

浸蚀剂的配制方法如下：

①首先选择配置简单、使用安全的浸蚀剂，按浸蚀剂中规定的各成分比例配制。

②将溶质（如酸、碱等）依次加入到溶剂中，有的浸蚀剂配完后需放置几分钟再浸蚀，有的需要放置几小时，而有的浸蚀剂却需要随用随配，一定要注意具体的说明或规定。

③注意配制过程中，一定要等到一种药品完全溶解后才能放入另一种。

④一般配制浸蚀剂时，要戴上耐酸碱手套，若不慎将化学药品黏在皮肤上，应立即用清水冲洗干净。

2. 电解浸蚀法

化学浸蚀不需要外加电源的作用，而电解浸蚀则是将抛光试样浸入选定的化学试剂中，通以较小的直流电进行浸蚀，所说的化学试剂就是电解液。

电解浸蚀的原理、所使用的仪器、装置与电解抛光完全相同，只是电解浸蚀的操作规范选择在电解抛光的 AB 段，如图 1.19 所示。

电解浸蚀主要用于化学稳定性高的金属及其合金，如铂、金、银等贵重金属及其合金、不锈钢、高合金钢、耐热钢、钛合金等，这些很难用化学浸蚀法对其浸蚀，但可以用电解浸蚀法来完成。电解浸蚀可在电解抛光之后，随即降低电压进行电解浸蚀，从而达到在同一电解液中先后完成试样的抛光和浸蚀。通常电解浸蚀的工作电压为 2～6 V，工作电流约 0.05 ~ 0.3 A/cm²。

电解浸蚀结束后,应立即对试样进行清洗,防止电解溶液继续浸蚀试样。

3. 阴极真空浸蚀法

阴极真空浸蚀法是在高压加速辉光放电条件下,正离子轰击阴极试样表面,有选择地除去试样表面的部分原子,以显露金属组织。此方法适用于一般浸蚀方法难以做到的情况下,阴极真空浸蚀法可以得到好的结果,目前广泛用于显示各种材料的显微组织,如金属、金属陶瓷、陶瓷和半导体等。

(1)阴极真空浸蚀原理

阴极真空浸蚀设备如图 1.27 所示,从进气口进入的惰性气体氩气产生辉光放电时,从阴极发射出来的电子在射向阳极的路途中与气体原子碰撞并使之发生电离,高速

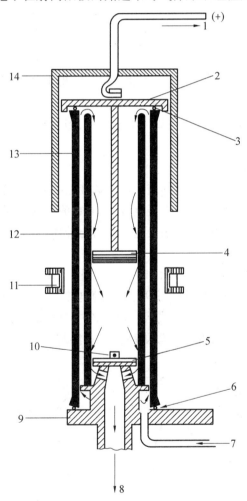

图 1.27　阴极真空浸蚀设备简图

1—高压电源;2—黄铜盖板;3—密封圈;4—铝阳极;5—铝阴极;6—密封圈;7—接针型阀控制氩气;
8—接机械泵;9—接黄铜底板;10—试样;11—磁场线圈;12—衬管;13—套管;14—蔽罩

运动着的气体离子在撞击到金属表面后可以深入到金属晶格内部,与金属原子碰撞可以产生"离位原子"。处于能量高和结合力较弱位置的优先产生溅射离开表面,这样就显示出阴极试样的宏观或微观组织。

(2)阴极真空浸蚀操作过程

阴极真空浸蚀试样时,是将已抛光好的试样用低熔点合金融合在阴极试样台上,抛光面向上,与阳极面相对地放在密封的真空室内,用机械泵抽真空到规定的真空度,随后充以惰性气体氩,用调节阀控制其压力,使气压保持在规定的数值上。接通高压电源,逐渐增加到给定电压,经过短暂的诱发期在试样与阳极之间即产生辉光放电,浸蚀已经开始。浸蚀的时间因材质而异,从几秒钟到几分钟不等。试样浸蚀完毕后,立即切断高压电源,待冷到室温后,关闭机械泵,打开真空室,取出试样进行观察。

影响试样浸蚀效果的因素主要有气压、电压、浸蚀时间和保持阴极试样有一定低的温度。

4. 恒电位浸蚀法

恒电位浸蚀法是电解浸蚀法进一步的发展。一般电解浸蚀时,试样的阳极电位是发生变化的,难以掌握显露组织的过程。恒电位显示组织,采用恒电位仪,保证浸蚀过程阳极电位恒定。这样就可以对组织中特定的相,根据其极化条件进行选择浸蚀或着色处理。

(1)恒电位浸蚀原理

当金属试样浸入电解液时,试样表面与电解液之间形成了双电层,二者之间存在一电势差,叫做金属在该电解液中的电极电位,它的数值需利用参比电极加以测量。在电解过程中电极电位会发生变化,叫做极化。此时电流密度与电极电位的关系曲线叫做极化曲线。

典型的极化曲线如图 1.28 所示,AB 段为活化区;BC 段为电位变正,电流下降,表示金属开始钝化;CD 段为稳定钝态;DE 段为随电位升高,电流密度重新上升,表示有新的电极过程发生,金属以高价形式溶解或溶液中有氧的析出;EF 段为二次钝化区;FG 段为二次过钝化区,通常是金属以更高价形式溶解。由此可以看出,控制不同的阳

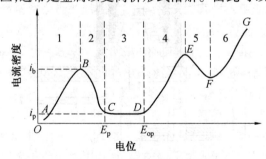

图 1.28　典型的极化曲线

1—活化区;2—钝化过渡区;3—稳定钝化区;4—过钝化区;5—二次钝化区;6—二次过钝化区;
E_P—钝化电位;E_{op}—过钝化电位;i_p—钝化电流密度;i_b—钝化的临界电流密度

极位,可使金属处于一定的电化学反应状态。电流密度为零时的电位叫做稳定电位。极化曲线随合金相的组成、电解液的成分而变化。合金中 A、B 两项的极化曲线如图 1.29 所示,它们的稳定电位及钝化区上限的电位各不相同。如电解时控制电极电位为 E_1,它处于 E_{RA} 与 E_{RB} 之间,此时仅 A 相有阳极电流而被浸蚀;若电解时控制电极电位 E_2 处,则 $i_{B2} > i_{A2}$,将优先浸蚀 B 相。因此,利用多相合金极化曲线的差异,适当选择恒定电极电位就可以实现选择性浸蚀。

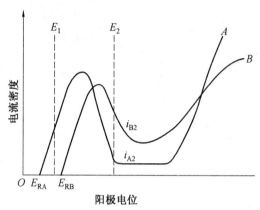

图 1.29 两相合金恒电位选择浸蚀原理图

(2)恒电位浸蚀的装置与性能特点

图 1.30 为恒电位选择浸蚀装置,为了测量阳极的电极电位,设置了参比电极。进行恒电位浸蚀时,首先要选择电解液,并了解合金中各相在该电解液中的极化曲线,根

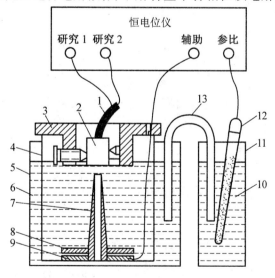

图 1.30 恒电位选择浸蚀装置

1—白金丝导线;2—金相试样;3—夹具;4—内槽;5—外槽;6—电解液;7—鲁金毛细管;8—乙酸纤维膜;
9—辅助电极(铂片);10—饱和氯化钠水溶液;11—烧杯;12—参比电极;13—盐桥

据极化曲线,选择阳极电位,进而调整阳极电位,以便控制各相的溶解速度,从而达到显示组织的目的。当选择的电位值适当时,能同时将若干相显示出来。如果各相的极化曲线未知,也可以根据合金的极化曲线-各相极化曲线的综合反映,来选择某些电位试验,挑选能得到最好衬度的阳极的电位,此电位值一般在极化曲线上接近钝化区的活化区中。各类典型合金恒电位选择浸蚀规范见表1.14。

表1.14 各类典型合金恒电位选择浸蚀规范

材料	状态	被显示的相	浸蚀规范			备注
			电解液	电位/mV	时间/s	
56NiCrMoV7	850 ℃, 15 min,空冷	贝氏体	400g·L^{-1} NaOH	800 或 700	480 ~ 1 200	
Fe-C-P 铸铁		Fe$_3$C,Fe$_3$P	8 mol·L^{-1} NaOH	−750	900	Fe$_9$N 不浸蚀
			1.25 mol·L^{-1} NaOH	−200	600	
高铬铸铁 $w_{Cr}=18\%$		M$_6$C M$_{23}$C$_6$ M$_7$C$_3$	10 mol·L^{-1} NaOH	−1 150 ~ −1 050 −400 ~ −200 200 ~ 400	120 120 60	
高钨铸铁 $w_W=22\%$	铸态	M$_6$C M$_{23}$C$_6$	10 mol·L^{-1} NaOH	−850 400	240 180	
$w_C=2\%$ $w_{Cr}=2\%$ $w_{Mo}=8\%$ 铸铁	1 100 ℃, 4 h,油淬	M$_6$C M$_{23}$C$_6$ M$_7$C$_3$	400 g·L^{-1} NaOH 100 g·L^{-1} Na$_2$CO$_3$	−400 1 000	120 10	两次之间用 HCl 冲洗
$w_{Cr}=12\%$ $w_W=4\%$ 铸铁	1 100 ℃, 4 h,油淬	M$_{23}$C$_6$ M$_7$C$_3$	200 g·L^{-1} NaOH 100g·L^{-1} Na$_2$CO$_3$	100 1 000	30 10	
25Cr-20 铸钢		M$_{23}$C$_6$ M$_{23}$C$_6$ M$_7$C$_3$	10 mol·L^{-1} NaOH	200 500 600	50 35 1	电位系对 Hg、HgO 的 数据
18 ~ 8 不锈 钢	1 250 ℃, 1 h,水淬	δ-Fe σ γ	每升 H$_2$SO$_4$ (5+95)中含 0.1 g NH$_4$CNS	−400 ~ −350 −400 ~ −150 −150 ~ −120	60 ~ 250 60 ~ 150 20 ~ 120	

续表 1.14

材料	状态	被显示的相	浸蚀规范			备注
			电解液	电位 / mV	时间 / s	
铝合金		AlMgSi AlZnMgSi	$1.25\ mol \cdot L^{-1}$ NaOH	$-1\ 700 \sim$ $-1\ 600$		
50% Zn–Sn 合金		Zn Sn	$1\ mol \cdot L^{-1}$ NaOH	$-1\ 450$、 -600、-950	180	
Cu	500 ℃, 25 h,炉冷	夹杂 α 晶粒	$500\ g \cdot L^{-1}$ 柠檬酸	-320 -130	600 600	电位系对 Hg / Hg_2SO_4 的 测定值
Cu–1% Zr	500 ℃, 25 h,炉冷	Cu_3Zr	$500\ g \cdot L^{-1}$ 柠檬酸	-130	60	电位系对 Hg / Hg_2SO_4 的 测定值
Cu – 0.3% Be–2% Ni	500 ℃, 25 h,炉冷	NiBe 相	$500\ g \cdot L^{-1}$ 柠檬酸	3 400	60	电位系对 Hg / Hg_2SO_4 的 测定值
Ni–Al		β γ	$0.5\ mol \cdot L^{-1}$ H_2SO_4	$260 \sim 500$ $200 \sim 400$		

恒电位显示组织,对试样的制备要求是很高的。抛光面不得有残留形变扰动层及抛光发热形成的氧化膜。因此恒电位浸蚀前,试样最好预先电解抛光,尤其是进行阳极氧化时,电解抛光更为需要,只有这样才能使一个相的色调均匀,具有清晰的色彩。恒电位浸蚀法具有良好的重现性,浸蚀的最佳规范一经确定,每次浸蚀均具有相似的结果。恒电位显示组织,为鉴定复杂合金中的组成相提供了方便,如 Fe_3C 与 Fe_3P、富铬的 σ 相与 $M_{23}C_6$、M_7C_3 与 $M_{23}C_6$,它们共存时用常规的浸蚀方法很难进行区分,如果用恒电位选择浸蚀法就能够清晰地加以区分。

1.5.3 薄膜干涉法

薄膜干涉显示组织也称干涉层金相,是指用化学的和物理的方法,在金属材料试样的抛光面上形成一层薄膜,利用入射光的多重反射和干涉,使金属及合金的显微组织产生鲜艳的色彩以鉴别各种合金相。化学方法是用化学试剂与试样表面作用形成薄膜,此法由来已久,但近年来又有了长足的发展。物理方法沉积薄膜,近年来发展也很快,应用也很多,下面重点介绍几种方法。

1. 薄膜干涉原理

化学方法形成的薄膜是非等厚膜,如化学沉积法、恒电位腐蚀沉积法、热染法等形成的膜都属于非等厚膜。由于合金中各相的成分、结构和性质的不同,化学作用形成的膜厚不一样,有时不同晶粒表面也有不同的膜厚,因而产生不同的干涉色,借此显示组织。

物理方法沉积的薄膜是等厚膜,如真空镀膜法、离子溅射法得到的膜都是等厚膜。利用合金中各相光学常数的差别选用合适的镀膜材料和膜厚,从而使入射光通过薄膜后产生干涉,改变各相的反光能力,提高衬度,显示组织。如图 1.31 所示,设在金属试样表面形成了一个厚度为 d_s、折射率为 n_s 的透光薄膜。由物镜投射来的平行光束照在薄膜的表面,一部分直接反射出去,一部分折射通过薄膜射在金属表面上,并由金属表面反射又折射出薄膜的表面,此时它与从薄膜表面直接反射的光束发生干涉,当两相干光束的位相相反而振幅相等时完全消光,利用干涉膜的消光作用来增大各相之间的衬度。

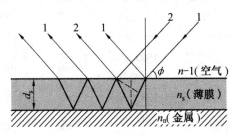

图 1.31　薄膜干涉原理图

2. 形成薄膜干涉的方法

（1）化学染色法

化学染色法是化学试剂在金属试样表面上形成一层薄膜的方法,它的实质是一种电化学的浸蚀沉积。同一试样表面上存在不同的组织和不同的相,在化学试剂的作用下,它们之间形成许多微电池,阳极将优先被浸蚀,而电位较高的阴极则被保护,不受浸蚀或浸蚀较浅,这样在试样表面上就形成了非等厚膜,在显微镜下观察到多重反射和干涉产生的不同干涉条纹以显示出组织的差别。

用于化学染色的试剂很多,按生成膜的情况可分为阳极试剂、阴极试剂和复合试剂。

①阳极试剂。在阳极试剂中,试样显微组织中微电池的阳极相上形成薄膜显示色彩。形成薄膜的化学反应式为

$$Me + 2H^+ \longrightarrow Me^{++} + H_2 \uparrow$$

$$Me^{++} + 2R \longrightarrow MeR \downarrow$$

式中　Me——金属;

　　　R——试剂中的阴离子。

对阳极试剂的要求:所配置的溶液必须能提供足够的阴极去极化剂和钝化剂,使阳极金属离子化能以所需要的速度进行,使阳极处于活化状态。试剂还应提供足够的能与金属离子生成室温下难溶的化合物的阴离子。

常用阳极试剂的配方与用途见表 1.15。

表 1.15 几种常见阳极试剂的配方与用途

序号	成分配方	用途及特点
1	1 g 焦亚硫酸钠+100 mL 蒸馏水	铁碳合金:在马氏体、贝氏体、奥氏体沉积薄膜,碳化物、氮化物上不沉积是白色
2	3 g 偏重亚硫酸钾+100 mL 蒸馏水	碳钢、合金钢:铁素体晶粒染色,显示带状组织
3	1 g 偏重亚硫酸钾+50 mL 饱和硫代硫酸钠蒸馏水溶液	铸铁、碳钢:铁素体晶粒染色,碳化物、氮化物、磷化物呈白色
4	5 g 偏重亚硫酸钾+50 mL 饱和硫代硫酸钠蒸馏水溶液	高锰钢、锰铬钢:ε-马氏体呈白色,铁素体晶粒染色,碳化物、氮化物、磷化物不染色
5	3 g 偏重亚硫酸钾+1 g 硫酰胺基酸+100 mL 蒸馏水	铸铁、碳钢、合金钢、锰钢:铁素体晶粒染色,碳化物、氮化物、磷化物不染色,该试剂配置超过 3~4 h 即失效
6	100 mL 的(35%)盐酸+500 mL 蒸馏水配制成储存液 100 mL 储存液+1 g 偏重亚硫酸钾	奥氏体不锈钢、马氏体时效钢、沉淀硬化不锈钢等

这类阳极试剂可用于许多合金,如铸铁、碳钢、不锈钢和耐热钢等。这些合金中的铁素体、奥氏体染色,碳化物、氮化物、磷化物呈白色。

②阴极试剂。在阴极试剂中,试样显微组织中的微电池的阴极相上形成薄膜显示色彩。形成薄膜的化学反应式为

$$Me^{++}+2e \longrightarrow Me\downarrow$$
$$2H^{+}+2e \longrightarrow H_2\uparrow$$

常用阴极试剂的配方与用途见表 1.16。

表 1.16 常用阴极试剂的配方与用途

序号	成分配方	用途及特点
1	2 mL 的(35%)盐酸+0.5 mL 硒酸+100 mL(95%)酒精	铸铁、钢:碳化物染色、氮化层染色,铁素体不染色
2	5~10 mL 的(35%)盐酸+1~3 mL 硒酸+100 mL(95%)酒精	铁素体、马氏体、奥氏体不锈钢的染色浸蚀
3	20~30 mL 的(95%)盐酸+1~3 mL 硒酸+100 mL(95%)酒精	不锈钢和耐热钢:基体不染色,碳化物和 γ' 相染色
4	2 mL 的(35%)盐酸+0.5 mL 硒酸+300 mL(80~85)%酒精(过硫酸铵预浸蚀)	铜合金:单相合金不同的晶粒及孪晶染色。两相黄铜的 α 相染色,β 相不染色
5	1 g 钼酸钠+100 mL 蒸馏水,用硝酸化到 pH 2.5~3(硝酸酒精溶液预浸蚀)	铸铁:磷化物、渗碳体染桔黄色,硫化物亮灰色、铁素体不染色呈白色

续表 1.16

序号	成分配方	用途及特点
6	18 g 钼酸钠+100～500 mg 二氟化氨+100 mL 蒸馏水,用硝酸化到 pH2.5～3.5(硝酸酒精溶液预浸蚀)	碳钢及合金钢:碳化物染棕色到紫色。铁素体染白色到黄色取决于二氟化氨的量
7	2～3 g 钼酸钠+5 mL 的(35%)盐酸+1～2 g 二氟化氨+100 mL 蒸馏水	铝合金和钛合金

③复合试剂。复合试剂主要是硫代硫酸盐为主的复杂溶液,除硫代硫酸盐外,还包含有机酸和金属盐——锌盐、铅盐和镉盐等。复合试剂的配方及用途见表 1.17。

表 1.17　复合试剂的配方及用途

序号	成分配方	用途及特点
1	24 g 硫代硫酸钠+2.4 g 醋酸铅+3 g 柠檬酸+100 mL 蒸馏水(过硫酸铵预浸蚀)	铜及铜合金
2	试剂"1"100 mL+200g 硝酸钠(2% 硝酸酒精预浸蚀)	铸铁和钢:磷化物成黄-棕色,硫化物先光亮,其余相染蓝-紫色
3	24 g 硫代硫酸钠+3 g 柠檬酸+2～5 g 氯化镉+100 mL 蒸馏水(2% 硝酸酒精预浸蚀)	铸铁和钢:短时间浸蚀只有铁素体染红或紫色。较长时间所有相染色:磷化物棕-桔色,铁素体黄或亮蓝色,渗碳体红紫或蓝色

此类试剂配制时较为复杂,要严格按着先后顺序进行。如试剂 1 的配置过程:首先将 24 g 的硫代硫酸钠完全溶解在 100 mL 的水中,再加入 2.4 g 的醋酸铅,当其完全溶解后再加入 3 g 的柠檬酸,溶解后形成一种奶状溶液,在阴凉处静止 24 h,使用时过滤即可。

(2)恒电位浸蚀法

恒电位浸蚀法是近年来最新研制出的一种很有前途的彩色金相显示方法,它是一个以显微电化学理论为基础及伴随有阳极固态膜沉积、阴极半导体和非金属化合物沉积的电化学过程,这些过程较为复杂。恒电位浸蚀法首先要确定某种金属在某一电解液中的极化曲线,根据极化曲线选取合适的浸蚀电位,然后根据合金中各相的成膜速率不同,利用恒电位仪使该金属在这一外加恒电位作用下完成全部的浸蚀沉积过程,由于各相的晶格能不同,在一定电位下成膜速度不同,膜厚不同,因而出现了不同的干涉层。

恒电位浸蚀法的优点在于能对合金有选择地进行浸蚀,沉积膜均匀,准确性、可靠性和再现性比较理想。能较好地区分钢及合金中的 MC、M_6C、$M_{23}C$、M_7C_3 等各类碳化物,显示 α、δ、γ 等相,并可适当区分钢中的贝氏体、马氏体等组织。

但是由于恒电位浸蚀的机理还未完善,浸蚀前准备工作的复杂性及技术要求较高,并且需要专用设备,因此应用受到一定限制。

（3）热染法

热染法是最早使用的干涉层法，它是将试样在空气中加热到一定温度，使之发生热氧化，生成一层氧化膜。这层膜通常是厚度为 40～500 nm 的透光膜。入射到膜上的光线在空气与膜、膜与试样的界面上产生光程差，最终通过干涉现象产生颜色。颜色是由光的波长、膜的厚度和膜的折射率决定的。当入射光的波长固定、膜的材料也选定的情况下，颜色则取决于膜厚。而膜的厚度则取决于热染时的氧化速度，其金属与合金的成分、结构与位向以及与之作用的介质、加热温度和时间有关。

①热染法对试样的要求。热染法对试样的要求极高，试样必须仔细地磨制和抛光，充分地清除油污和抛光粉，排除氧化时的一切外界干扰。清洗后吹干或用棉球擦干。

②热染法对温度的要求。合适的热染温度对获得高衬度的彩色金相图像至关重要，热染的温度一般在 200～700 ℃。热染温度主要根据合金成分和显示目的来确定，以组织不发生变化为原则。

③对时间的要求。热染法对时间的选择相对容易一些，一般可直接观察试样的颜色，来控制热染的时间。

④热染法常用的设备。热染所需设备较为简单，有一个马弗炉或管式电炉即可，也可用更为简单的铅浴或电热板。在温度低于 500 ℃ 时，用熔融硝酸盐、铅或铅锡共晶合金等液体介质加热试样很方便。用液体介质加热的热染装置如图 1.32 所示，该装置由小电炉 1、坩埚 2（硝盐用金属坩埚，合金用陶瓷坩埚）和自耦变压器 6 组成。用实验室用的温度计或镍铬-镍铝热电偶控制温度，用毫伏表测量温度。

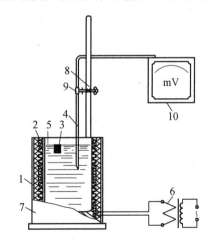

图 1.32　在液体介质中热染的设备示意图

1—电炉；2—坩埚；3—试样；4—热电偶；5—熔融的铅锡合金；6—自耦变压器；7—壳体；
8—支架；9—固定夹；10—毫伏表

⑤热染法适用范围。热染法用于显示锌、镁、铜、铁等定向适应好的金属晶粒位相，也可用来鉴别钢、合金钢、铸铁、有色金属的显微组织。表 1.18 为常见钢及铸铁的热染规范。

表1.18　钢及铸铁的热染规范

材料	金相组织（化学浸蚀）	加热温度 / ℃		热染结果
		表面开始出现氧化色的温度	理想热染温度	
纯铁	铁素体晶粒	240	320	淡蓝色及深蓝色的铁素体晶粒
T10	网状渗碳体及珠光体	240	300	褐色碳化物,珠光体呈蓝色
45 钢	铁素体及层状珠光体	240	300	铁素体呈黄色,珠光体呈蓝色
T12	网状渗碳体及层状珠光体	220	280	基体呈亮黄色,清晰地衬托出深褐色的碳化物
GCr15	细层状珠光体及部分渗碳体网	240	280	各晶粒染色程度不同,良好地显示出晶粒的位向
Cr12	粗粒状珠光体	250	300	在褐色基础上,有白色发光的碳化物点
不锈钢	奥氏体及渗碳体	300	500	渗碳体呈亮黄色,奥氏体呈暗黄色
耐热钢	两相固溶体	300	600	暗黄色及淡黄色晶粒
加锰铸铁	铬的复杂碳化物	260	340	奥氏体呈黄色,碳化物呈白色而有光泽
加硅铸铁	固溶体及珠光体	400	450	珠光体基体呈黄色,珠光体呈褐色
白口铸铁	珠光体、莱氏体及渗碳体	200	280	莱氏体及渗碳体呈亮黄色,珠光体呈暗褐色
渗碳层	珠光体及渗碳体网	240	260	渗碳体呈黄色,珠光体呈紫褐色
渗氮层	碳化物及共析体	200	280	氮化物呈淡黄色,共析体呈褐色
渗铬层	铬层	500	500	黄色
氰化层	氰化层	220	300	黄色

（4）真空蒸镀法（真空气相沉积）

真空蒸镀法是将制备好的试样置于真空镀膜室中,用硫化锌、硒化锌、碲化锌等锌盐作为蒸镀材料,在 1.3~0.13 MPa 真空室中快速加热,使之蒸发升华,能在试样表面上沉积一层均匀的薄膜,故称气相沉积。真空蒸镀得到的膜是一种不吸光高折射率的物质,其折射率通常为 2.4~3.2。

图 1.33 为真空蒸镀装置示意图,对试样进行蒸镀时,需把蒸镀材料压成小块,放在用钨或钼制成的舟型的蒸发器中,通电加热使其蒸发,随着蒸发层的沉积,各相之间的衬度增强了,当反射光的相位角增大到一定程度时,各种相呈现不同的颜色。蒸发膜的厚度应为 0.3~0.4 μm,但实际工作中目测很困难,最简单的方法就是观察试样表面上蒸发膜的颜色,当试样表面呈紫色时,应立即停止蒸镀,此时试样内的各相颜色最佳。

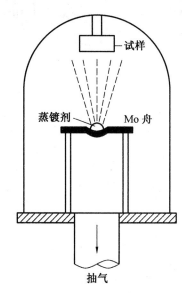

图 1.33 真空镀膜设备原理图

(5)离子溅射法(气相离子蒸镀)

离子溅射法是通过离子溅射在试样表面上形成一层高折射率的厚度均匀的干涉膜,由于各相对光线的反射率和吸收率不同,通过膜的作用可以增强两相的反差或产生色彩。离子溅射装置如图 1.34 所示。离子溅射法中干涉膜的形成过程是试样作阳极,金属(如金、银、铜、铁、铅等溅射膜材料)作阴极,两极间距 5~8 mm,加速电压为 1~5 kV(直流),反应室先抽真空至 13.3 MPa,再充以氧气、氩气等气体,真空度小于66.6 Pa。在电压的作用下,由于电离而产生的带正电的气体离子以极快的速度冲向阴极,使阴极表面的成膜材料因受高能质点的冲击而被撞出,飞向各个方向,当这些原子在试样表面通过反应、吸收或单纯沉积就形成所需的干涉膜。

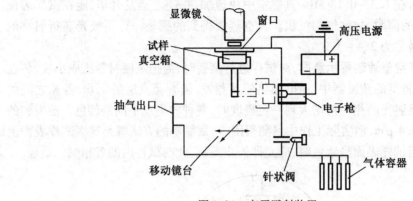

图 1.34　离子溅射装置

第2章　光学金相显微镜

金相显微镜是用于观察金属内部组织结构的重要光学仪器。自 19 世纪中叶用金相显微镜观察金属显微组织以来,显微镜的构造、类型、应用范围和性能等方面都有了很大的发展。金相显微镜已经成为显微结构分析不可缺少的工具之一。

金相显微镜的种类很多,按光路形式不同可分为正置式金相显微镜和倒置式金相显微镜;按外形不同可分为台式金相显微镜、立式金相显微镜和卧式金相显微镜;按用途不同还可分为普通光学金相显微镜、偏振光显微镜、干涉显微镜、相衬显微镜等。本章将对普通光学金相显微镜、偏振光显微镜、干涉显微镜、相衬显微镜的原理及应用分别进行介绍。

2.1　普通光学金相显微镜

2.1.1　显微镜的光学原理

1. 显微镜的成像

利用透镜可将物体的像放大,但单个透镜或一组透镜的放大倍数是有限的,为此,要考虑用另一透镜组将第一次放大的像再次放大,以得到更高放大倍数的像。显微镜就是基于这一要求设计的。显微镜中装有两组放大透镜,靠近物体的一组透镜称为物镜,靠近眼睛的一组透镜称为目镜。借助物镜与目镜的两次放大,就能将物体放大到很高的倍数。

显微镜的基本放大原理如图 2.1 所示。物体 AB 置于物镜的前焦点 F_1 外靠近焦点的位置,通过物镜获得一个倒立、放大的实像 $A'B'$,它恰好位于目镜的前焦点 F_2 之内,目镜将此像再次放大,得到 $A'B'$ 的正立虚像 $A''B''$,$A''B''$ 位于观察者的明视距离 D(距人眼 250 mm)处,在视网膜上成的像是物体通过显微镜最终获得的图像。

显微镜最后成的像 $A''B''$ 是经过物镜、目镜两次放大后得到的,其放大倍数为物镜放大倍数与目镜放大倍数的乘积,即 $M = M_物 \cdot M_目$。

物镜的放大倍数为

$$M_物 = \frac{A'B'}{AB} = \frac{\Delta + f_1'}{f_1} \tag{2.1}$$

式中　　f_1、f_1'——物镜前焦距与后焦距;

　　　　Δ——显微镜的光学镜筒长度,即物镜后焦点与目镜前焦点间的距离。与 Δ 相比 f_1' 很短,可忽略。

所以

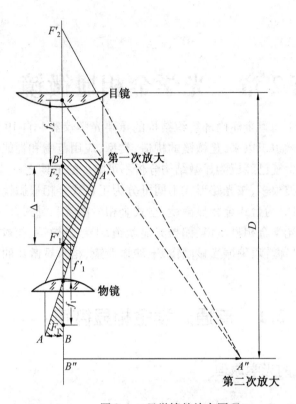

图 2.1 显微镜的放大原理

$$M_{物} \approx \frac{\Delta}{f_1} \tag{2.2}$$

目镜的放大倍数为

$$M_{目} = \frac{A''B''}{A'B'} \approx \frac{D}{f_2} \tag{2.3}$$

式中 f_2——目镜的前焦距;

　　　　D——人眼的明视距离,$D \approx 250$ mm。

显微镜总的放大倍数为

$$M = M_{物} \cdot M_{目} = \frac{\Delta}{f_1} \cdot \frac{D}{f_2} \tag{2.4}$$

2. 透镜的像差

透镜成像规律是依据近轴光线得出的结论,近轴光线是指与光轴接近平行(即夹角很小)的光线。由于物理条件的限制,实际光学系统的成像与近轴光线成像不同,两者存在偏离,这种相对于近轴成像的偏离称为像差。

像差的产生降低了光学仪器的精确性。按像差产生原因可分为两类:一类是单色光成像时的像差,叫做单色像差,如球差、彗差、像散、像场弯曲和畸变均属单色像差;另一类是多色光成像时,由于介质折射率随光的波长不同而引起的像差,叫做色差,色差又可分为轴向色差和垂轴色差。

像差的程度标志着光学系统成像质量的优劣。在显微镜设计和使用过程中,可尽量使其减小,但不可能完全消除。下面介绍金相显微镜的几种主要像差。

(1)球差

由光轴上某物点发出的单色光束,经透镜折射后并不会聚于一点,而是分成许多个交点前后分布,靠近主光轴平行光的像点远,而外缘光线像点近,从而使光轴上的像点成一弥散的光斑,称光学系统对该物点的成像有球差。球差 $LA = S' - \overline{S'}$,如图 2.2 所示。

产生球差的原因,由于球面透镜的中心部分和边缘部分的厚度不同,造成折射率不同,透镜中心部分折射率小,外缘部分折射率大,致使来自同一点上的光线经折射后不能会聚于一点,因此使图像模糊不清。透镜的直径越大,球差越严重,整个成像范围越不清楚。

球差的矫正常利用透镜组合来消除,凸透镜与凹透镜球差的性质相反,因而可通过将凸、凹透镜适当的组合来校正球差。这样的光学系统称为消球差系统,如图 2.3 所示。旧型号显微镜,物镜的球差没有完全校正,应与相应的补偿目镜配合,才能达到纠正效果。一般新型显微镜的球差完全由物镜消除。

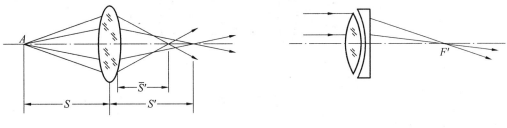

图 2.2　球差　　　　　　　　　　　　　图 2.3　球差的校正

(2)像散和像场弯曲

像散的产生是由于远离光轴的倾斜光束投射到透镜时,透镜对不同方向的光线有不同的会聚能力所引起的,如图 2.4 所示。远离光轴的物点 A 发出的光束,经透镜后出射光束不再存在对称轴线,而只存在一个对称面,这个对称面就是通过光轴 BB' 和入射光束的主光线 AP 所决定的平面,称为子午面。通过主光线与子午面垂直的平面称为弧矢面。透镜对这两个截面内的光线有不同的会聚能力,在子午面内光线焦点为 A'_t,在弧矢面内光线焦点为 A'_s,和子午面平行的截面内光线会聚成与子午面垂直的子午焦线 $F_t A'_t F'_t$;和弧矢面平行的截面内光线会聚成与弧矢面垂直的弧矢焦线 $F_s A'_s F'_s$;在两焦线间不同位置的像依次为直线 → 椭圆 → 圆 → 椭圆 → 直线。此间有一个最小原斑称为明晰圆,这里是 A 点成像最清晰的地方。

对垂直光轴的物平面,明晰圆不是平面,一般是曲面,这种像差叫做像场弯曲,简称场曲,如图 2.5 所示,$\sum_M$、$\sum_S$、$\sum_C$ 分别代表子午焦线、弧矢焦线和明晰圆的轨迹,子午焦线与弧矢焦线不重合,就叫做像散。若子午焦线、弧矢焦线和明晰圆三者重合为一个平面,则像散和像场弯曲就完全校正了。

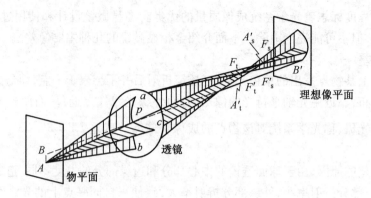

图 2.4　透镜的像散

随着视场的增大,像散和场曲越严重,对大视场系统的轴外点,即使是以细光束成像,也会因此而不清晰,采用特制的物镜可对其进行校正,如平场物镜便是为了校正像散和场曲而设计的镜头。

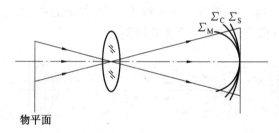

图 2.5　像场弯曲

(3)彗差

由位于主轴外的某一轴外物点,向光学系统发出的单色圆锥形光束,经该光学系统折射后,若在理想平面处不能形成清晰像点,而是形成拖着明亮尾巴的彗星形光斑,则此像差称为彗差。具有彗差的光学系统,轴外物点在理想像面上形成的像点如同彗星状的光斑,靠近主光线的细光束交与主光线形成一亮点,而远离主光线的光束形成的像点是远离主光线的不同圆环,如图 2.6 所示。

彗差严重影响成像的清晰程度,实际光学系统必须将彗差控制到最小。彗差与透镜的形状有关,可以通过改变透镜形状和采用组合透镜减小或消除。

(4)畸变

由于透镜对同一物体的不同部分有不同的放大率,因而使像产生扭曲的现象,越是边缘的部位就越明显,这种像差称为畸变。如果不存在畸变,则物像的任何部位的放大都与原物成比例(图 2.7(a))。畸变有两种不同的表现形式:当边缘部分的放大率大于中心部分时,像将向中心凹弯曲,称为正畸变(图 2.7(b));当边缘部分的放大率小于中心部分时,像将向四周凸弯曲,称为负畸变(图 2.7(c))。畸变不影响像的清晰程度,仅使边缘放大倍数不够真实,对低倍显微镜影响不大。

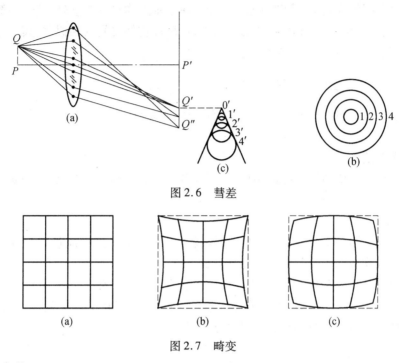

图 2.6 彗差

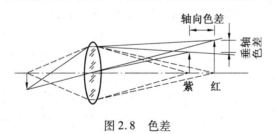

图 2.7 畸变

（5）色差

当用白光照射时，会形成一系列不同颜色的像。这是由于组成白光的各色光波长不同，折射率不同，因而成像的位置也不同，这种像差称为色差，如图 2.8 所示。

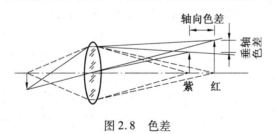

图 2.8 色差

①轴向色差（位置色差）。轴向色差是指各种色光的成像位置沿轴向分布不同。白光通过透镜时各种波长的光便聚焦在光轴的不同位置。红光折射率小，像点远，焦距长。而紫光折射率大，像点近，焦距短。由于透镜存在轴向色差，成像时会出现彩色的像。

②垂轴色差（放大率色差）。垂轴色差是指各种波长的光成像大小不一样。红光像最高，紫光像最短，即造成不同色光的放大率不同。由于透镜存在垂轴色差，成像时边缘会出现彩色。

将不同折射率的凸透镜和凹透镜恰当组合起来，可以得到消色差的光学系统。金相显微镜的物镜就是由多片凸凹透镜组合的消色差透镜，也可采用单色光源或加滤色片来减少色差。

在以上介绍的像差中,除轴向色差和球差属于轴上物点的像差外,其余的都属于轴外物点的像差。只有畸变不影响像的清晰度,仅破坏物像之间的相似性,其他的几种像差,都在一定程度上破坏像的清晰度。

2.1.2　金相显微镜的构造和使用

金相显微镜一般由光学系统、机械系统和照明系统三部分组成,下面分别进行介绍。

1. 光学系统

光学系统的主要构件是物镜和目镜,其任务是完成金相组织的放大,并获得清晰的图像。

（1）物镜

物镜是显微镜最重要的光学部件,显微镜的分辨能力及成像质量主要取决于物镜的性能。常用物镜的主要参数及性能特点如下:

①数值孔径。物镜的数值孔径表征物镜的聚光能力,常用 NA（Numderical Apertuer）表示。数值孔径大的物镜,聚光能力强,即对试样上各点的反射光线吸收的更多,使图像更加清晰,物镜的数值孔径 NA 可表示为

$$NA = n\sin \varphi \tag{2.5}$$

式中　　n—— 物镜与观察物之间介质的折射率;

　　　　φ—— 物镜的孔径半角,即通过物镜边缘的光线与物镜轴线所成的角度。

由式（2.5）可知,φ 与 n 越大,物镜的数值孔径越大,聚光能力越好。可通过增大透镜的直径或减小物镜的工作距离（指显微镜成像清晰时,从试样表面到前透镜之间的距离）来增大 φ 角。但增大透镜直径将导致像差增大,所以常采用后者。当以空气为介质（又称干系物镜）时,由于 $n = 1$,因而物镜的数值孔径始终小于 1,一般为 0.9 左右。当物镜与观察物之间以松柏油或其他油为介质时（又称油浸物镜）,由于 $n = 1.5$ 以上,故数值孔径大于 1。以油为介质时,进入物镜的光线增强,增加了物镜的聚光能力。图 2.9 是介质对物镜数值孔径影响的示意图,当物镜与被观察试样之间介质为空气时,试样表面发出的反射光线 R_2 不能进入物镜,而以油为介质时,由于折射率增加,光线 R_2 则可进入物镜。油浸物镜最常用的介质是松柏油（$n = 1.517$）,其数值孔径可达 1.4,用溴化萘（$n = 1.656$）为介质,其最高数值孔径可达 1.6。

②分辨率及有效放大倍数。物镜的分辨率（也称鉴别率）是指物镜能清晰地分辨两点间的最小距离,用 d 表示。d 越小,表示物镜的分辨率越高,其表达式为

$$d = \frac{\lambda}{2NA} \tag{2.6}$$

式中　　λ—— 入射光的波长;

　　　　NA—— 物镜的数值孔径。

由式（2.6）可知,对于一定波长的入射光,物镜的分辨率完全取决于物镜的数值孔径,数值孔径越大,分辨率就越高。

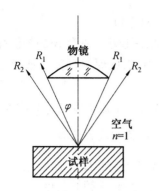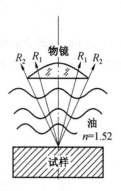

图 2.9 介质对物镜数值孔径的影响

物镜的分辨率也称为显微镜的分辨率。显微镜成像时,目镜是放大物镜已分辨清楚的组织,不能进一步提高物镜的分辨能力。物镜未能分辨的两个物点,不可能通过目镜放大而分辨。因此,显微镜的分辨率主要取决于物镜的分辨率。

显微镜能否看清组织细节,不但与物镜的分辨率有关,还与人眼的实际分辨率有关。显微镜的有效放大倍数是指物镜分辨清晰的距离,同样也被人眼分辨清晰。人眼在明视距离处的分辨能力为 $0.15 \sim 0.3$ mm,因此需将 d 经显微镜放大成 $0.15 \sim 0.3$ mm 才能被人眼分辨。以 M 表示显微镜的放大倍数,则

$$M = \frac{0.15 \sim 0.3}{d} = \frac{(0.15 \sim 0.3)NA}{0.5\lambda} = (0.3 \sim 0.6)\frac{NA}{\lambda}$$

此时的放大倍数即为显微镜的有效放大倍数,通常以 $M_{有效}$ 表示

$$M_{有效} = (0.3 \sim 0.6)\frac{NA}{\lambda} \tag{2.7}$$

当采用黄绿光($\lambda = 5.5 \times 10^{-4}$ mm)照明时,则上式为

$$M_{有效} \approx (500 \sim 1\ 000)NA$$

这说明在 $(500 \sim 1\ 000)NA$ 范围内的放大倍数均称有效放大倍数。由式(2.7)可知,显微镜的有效放大倍数取决于物镜的分辨率或数值孔径。

有效放大倍数的范围,对正确选择物镜和目镜十分重要。例如,选用 $NA = 0.65$ 的 $32 \times$ 物镜,当 $\lambda = 5.5 \times 10^{-4}$ mm 时

$$M_{有效} = (500 \sim 1\ 000)NA = 325 \sim 650$$

因此,应选择 $10 \sim 20$ 倍目镜配用。如果目镜的倍数低于 10 倍,则未充分发挥物镜的鉴别能力;如果目镜的倍数高于 20 倍,将造成虚放大,仍不能显示超出物镜分辨率的微细结构。

③ 景深(垂直分辨率)。景深是物镜对于高低不平的物体能清晰成像的能力。金相试样经浸蚀后表面呈现凹凸不平,欲使各种组织均能清晰呈现,则物镜需要有一定的景深。当显微镜聚焦于某一物面时,如果位于其前面和后面的物平面仍能被观察者看清楚,则该两平面之间的距离 d_L 就称为显微镜的景深。显微镜景深 d_L 的计算公式为

$$d_{\mathrm{L}} = \frac{n}{7NA \cdot M} + \frac{\lambda}{2\,(NA)^2} \qquad (2.8)$$

由式(2.8)可知,物镜的数值孔径越大,其景深越小。在物镜的数值孔径特别大的情况下,显微镜可以有很好的分辨率,但景深很小,因此要根据需要选择数值孔径合适的物镜。

④放大率(放大倍数)。放大率是物镜在线长度上放大实物倍数的能力指标,物镜上刻有 8×、10×、45× 等来表示其放大倍数。由物镜的放大倍数公式 $M_{物} \approx \dfrac{\Delta}{f_1}$ 可知,在确定了物镜的焦距 f_1 后,放大倍数随显微镜的光学镜筒长度 Δ 而变化。光学镜筒长度在实际应用中很不方便,通常使用机械镜筒长度代替光学镜筒长度。

⑤镜筒长度。由于物镜的像差是依据一定位置的映像来校正的,因此物镜一定要在规定的机械镜筒长度上使用,机械镜筒长度指物镜的支撑面到目镜筒顶的距离。一般显微镜的机械镜筒长度多为 160 mm、170 mm、190 mm。金相显微镜在摄影时,由于放大倍数不同,映像投射距离变化很大,因此,优良的物镜的像差是按任意镜筒长度校正的,即在无限长范围内物镜像差均已校正。

(2)物镜的基本类型

物镜的种类很多,可从不同的角度分类。

根据使用条件不同,可分为干系物镜和油浸物镜,油浸物镜镜检时,物镜前透镜与盖玻片之间常以松柏油或无荧光油为介质。

根据放大倍数不同,可分为低倍物镜(≤10 倍)、中倍物镜(≤40 倍)和高倍物镜(>40 倍)。

根据象差校正程度不同,物镜还分为消色差物镜、复消色差物镜、半复消色差物镜和平视场物镜等。

①消色差物镜。消色差物镜是一种常见物镜,其对球差校正为黄光和绿光区,对色差校正为红光和蓝光区,不能校正其他光的球差和色差,有残余色差。这种物镜存在明显的像散和像场弯曲,只能得到视场中间范围清晰的像,成像范围不够大。在使用消色差物镜时,宜使用黄绿光作为照明光源或加黄绿色滤光片,将使像差大为减小。

消色差物镜结构简单,价格低廉,故应用较多,一般台式显微镜物镜多属此类。

②复消色差物镜。复消色差物镜是一种性能很好的物镜,其对球差的校正为绿光和紫光区,对色差校正为红、绿、紫三个光区,即包含了所有可见光区,但部分放大率色差仍然存在,当其与简单组合目镜配用时,这些残存的色差会使影像边缘略带色彩。复消色差物镜的像场弯曲并没有根本的改善。

复消色差物镜结构复杂,价格较高,常用于精密显微镜高倍观察。

③半复消色差物镜。半复消色差物镜,又称氟石物镜,在结构上透镜的数目比消色差物镜多、比复消色差物镜少。成像质量上远比消色差物镜好,接近于复消色差物镜。能校正红蓝二色光的色差和球差。就像差校正程度而言,半复消色差物镜介于消色差与复消色差物镜之间,但其他光学性质都与复消色差物镜接近。其售价较低,常用来替代复消色差物镜,使用时最好与补偿型目镜相配合。

④平视场物镜。消色差物镜与复消色差物镜存在像场弯曲,观察时视场中间成像清晰,边缘模糊,给使用带来极大的不便。而平视场物镜采用了多个弯月形厚透镜组合的复杂光学结构,较好地校正了像场弯曲,提高了视场边缘的成像质量。平视场物镜分为平场消色差物镜和平场复消色差物镜,对球差和色差的校正分别与消色差物镜和复消色差物镜相同。这种物镜的特点是显著地扩大了像域的平整范围,使整个视场都比较清晰,适于观察,更利于金相显微摄影,但其结构非常复杂。

除上述介绍的物镜之外,还有平场半复消色差物镜、超平场物镜、超平场复消色差物镜、消像散物镜等。

(3)物镜的标记

物镜的主要性能大多标刻在物镜的镜筒上,内容包括物镜类型、放大倍数、数值孔径、机械镜筒长度、介质符号。如图 2.10 所示,PC:表示物镜为平场消色差物镜;40×/0.65:表示物镜放大倍数为 40 倍,数值孔径为 0.65;∞/0:表示物镜的机械镜筒长度为无限长,即该物镜在不同镜筒下均可使用;物镜上刻有"oil"或"油"字表示为油浸物镜,干系物镜一般不标符号。

(4)目镜

目镜也是显微镜的主要组成部分,它的作用是将物镜放大所得的实像再次放大,从而在明视距离处形成一个清晰的虚像,显微摄影时在投影屏上形成一个实像。某些目镜(如补偿目镜)除了有放大作用外,还能将物镜成像过程中产生的残余像差予以校正。

目镜的构造比物镜简单得多。因为通过目镜的光束接近平行光束,所以在像差校正上球差及轴向色差可不予考虑,设计时主要考虑放大率色差。目镜的孔径角很小,故其本身的分辨率很低。常用的目镜放大倍数有 8×、10×、12.5×、16×等多种。

目镜的种类很多,主要有:

①惠更斯目镜。惠更斯目镜是应用最多的一种目镜,是由两块同种光学玻璃制成的平凸透镜组成,其结构如图 2.11 所示。其中外径较小靠近眼睛的透镜称为接目镜,另一外径较大靠近物方的透镜称为场镜,在两透镜之间放置一光栏,以限制物镜和场镜所成像域的大小。场镜的作用是把物镜所成的像再一次成像在两透镜中间,使来自物镜的光线不过分扩散而折向后面的接目镜。

图 2.10　物镜的标记图

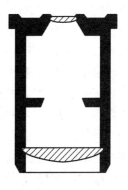

图 2.11　惠更斯目镜剖面图

图 2.12 为惠更斯目镜的成像原理图,试样经物镜成一初像 A_1B_1,A_1B_1 在靠近整个目镜的物方焦点 $F_目$ 的内侧处,因 $F_目$ 在场镜后面,所以实际光线是再经场镜成像 A_2B_2,A_2B_2 在靠近接目镜物方焦点 $F_{接目}$ 内侧处,最后再经接目镜成一放大虚像 A_3B_3,A_3B_3 在明视距离处,人眼就在接目镜后面看到这个虚像。

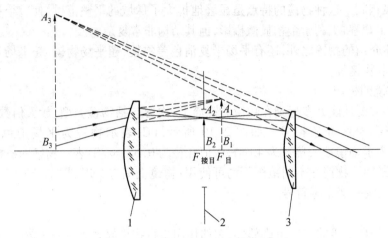

图 2.12　惠更斯目镜的成像原理
1—场镜;2—视场光栏;3—接目镜

由于惠更斯目镜的焦点位于两透镜之间,不能单独做放大镜使用,故又称为负型目镜。惠更斯目镜结构简单,价格便宜,但没有校正像差,故只适合与低、中倍消色差物镜配合使用,它的放大倍数一般不超过 15 倍。小型台式金相显微镜多用这种目镜。

②雷斯登目镜。雷斯登目镜结构与惠更斯目镜相似,它是由两片凸面相对并具有一定间隔的平凸透镜组成,其目镜的焦点位于场透镜之外,这种目镜可单独作放大镜来观察物体,故又称为正型目镜。雷斯登目镜对像场弯曲及畸变有良好的校正,对球差有一定程度的校正,但放大率色差较严重。

③补偿目镜。补偿目镜是由一个平凸的接目镜和一组三胶合透镜组构成的,其结构如图 2.13 所示。补偿目镜具有过度地校正放大率色差的特性,是专为配合放大率色差校正不足的物镜而特别设计的,因而适合与放大率色差校正不足的平场消色差物镜、平场复消色差物镜配合使用,不宜与普通消色差物镜配合使用。

补偿目镜的像差校正较好,可用于高倍观察。

④平场目镜。平场目镜是为配合平场物镜一起使用的。平场物镜在惠更斯目镜的基础上增加了一块凹透镜,故能较好地校正像场弯曲和像散,使视场平坦。它与相同倍率的惠更斯目镜相比,具有视场宽大而平坦等优点。这类目镜适于观察和显微摄影。

⑤测微目镜。测微目镜的透镜组合并无特殊之处,仅是在目镜中加入一片有刻度的玻璃薄片,用于金相组织定量测量或进行显微压痕长度的测量。根据测量目的刻有直线、十字交叉线、方格网、同心圆或其他几何图形供选择。

⑥摄影目镜。摄影目镜专门用于摄影或近距离投影,不能用作显微观察或单独放大。其像差校正与补偿目镜基本相同,适宜与平面复消色差物镜配用,在规定放大倍数

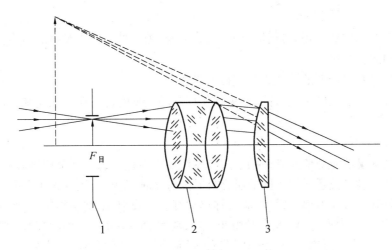

图 2.13　补偿目镜
1—视场光栏;2—场镜;3—接目镜

下具有足够平坦的映像。

2.机械系统

显微镜的机械系统主要有:调焦机构、物镜转换器、载物台、底座等。

(1)调焦机构

调焦机构包括粗动调焦和微动调焦两部分。

粗动调焦由位于镜体两侧的粗动调焦手轮实现,调节粗动调焦手轮可使载物台有较大幅度的升降,能迅速调节物镜和被观察试样之间的距离。

微动调焦由微动调焦手轮实现,它与粗动调焦手轮同轴,调节微动调焦手轮可使载物台缓慢地升降,从而得到更清晰的物像。

(2)物镜转换器

物镜转换器是一个可自由转动的旋转圆盘,盘上有 3～5 个安装物镜的圆孔,转动转换器,可以调换不同倍数的物镜。

(3)载物台

载物台是用于放置金相试样的,备有能在水平面内作前后、左右移动的微调螺丝和刻度,以改变观察部位或能在 360°水平范围内旋转。

(4)底座

用于支撑整个镜体。

3.照明系统

显微镜的照明系统一般包括光源、照明器、光栏、滤色片等。金相显微镜在工作时必须依靠附加光源照明,再通过光学系统进行成像。照明系统的任务是根据不同的研究目的调整、改变采光方法,并完成光线行程的转换。

(1)光源

金相显微镜对光源有下列基本要求:

①光源应有足够的强度。

②光源的强度要均匀,可借助反光镜、聚光镜、毛玻璃等置于光路的适当位置,从而获得均匀的照明光束。

③光源应有可调节的孔径光栏和视场光栏。

④光源的发热程度不宜过高,以免损伤仪器的光学附件。对于强光源,可增添专用的吸热、散热装置。

(2)光源的种类

金相显微镜的光源依显微镜的形式与使用要求而定。每一种金相显微镜都有特定的光源。某些显微镜还根据不同的研究目的配有多种光源,常用的光源有下列几种。

①白炽灯。灯丝由钨丝组成,故又称钨丝灯。一般中、小型金相显微镜都配有钨丝灯,工作电压一般为 6 ~ 8 V,配有专用变压器,功率 15 ~ 100 W。钨丝灯的结构简单,价格低廉,发光面积小而均匀,发光强度较高,因而适用于各种台式、立式显微镜的观察和摄影。但钨丝灯发光效率低,寿命不长。

②卤钨灯(卤素灯)。普通的钨丝灯由于灯泡中钨丝白炽发光时,表面钨会蒸发而聚集在灯泡上,使灯泡发黑,降低照明亮度,灯丝也会逐渐变细以致断掉。如果在钨丝灯灯泡内加入少量的碘,就可以有效避免上述缺陷。它的作用是将蒸发在玻璃壳表面的钨结合成碘化钨,然后扩散到灯丝的高温区,使化合物分解,钨又附在灯丝上,从而造成卤化物的循环,大大减少钨丝的消耗。卤钨灯的特点是发光效率高、光色质量好、灯泡亮度高、发光稳定,且其体积小、使用寿命长。

③氙灯。氙灯是一种新型照明光源,是在石英玻璃管内装有钨电极并充上高压氙气,通电后管内氙气受激发而发出强烈的光。常用为短弧氙灯,其特点是发光稳定、亮度极高、光色质量好。氙灯的光谱接近日光,可以用于彩色照相。氙灯由于亮度大,适宜于作偏光、暗场、相衬观察及显微摄影的光源。

④碳弧灯。碳弧灯是利用两支暴露在空气中而相互靠近的碳棒通电后产生碳弧光。碳弧灯亮度极高,适宜于作偏光、暗场观察;但其光源不稳定,不利于照相。

(3)照明方法

金相显微镜的照明方法很多,有临界照明、科勒照明、散光照明和平行光照明。它们的区别在于设计时聚光透镜的位置不同,聚光情况和照明效果不同。下面主要介绍临界照明和科勒照明。

①临界照明。临界照明的特点是光源经聚光透镜首先成像在视场光栏上,然后与视场光栏的像一起成像于试样表面,如图 2.14 所示。临界照明亮度高、光能利用率高,但是照明不均匀,目前在金相显微镜中应用较少。为了得到照明均匀的视场,一般都选用科勒照明。

②科勒照明。科勒照明的特点是光源经聚光镜首先成像在孔径光栏上,然后与孔径光栏的像一起成像于物镜的后焦面,再从物镜射出平行光束照亮试样表面,如图 2.15 所示。科勒照明系统使视场得到非常均匀的照明,对光源的要求没有临界照明那样严格。科勒照明的特点是成像均匀、光能利用率高,照明效果好,是目前广泛应用的照明方法。

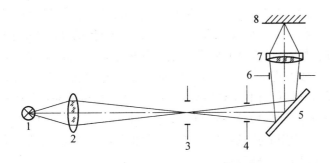

图 2.14　临界照明示意图

1—光源;2—聚光镜;3—视场光栏;4—孔径光栏;5—半反射镜;6—物镜孔径光栏;7—物镜;8—试样

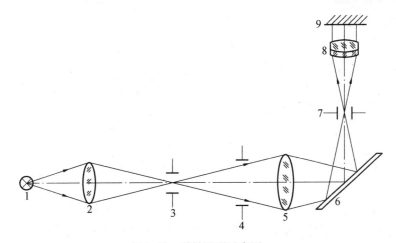

图 2.15　科勒照明示意图

1—光源;2、5—聚光镜;3—孔径光栏;4—视场光栏;6—半反射镜;7—物镜孔径光栏;8—物镜;9—试样

（4）垂直照明器与照明方式

金相显微镜的光源一般位于镜体的侧面,与主光轴成正交。因此,要使光线转向,垂直投射到试样上,需设计专门装置,这种装置叫做垂直照明器。垂直照明器的种类有平面玻璃、全反射棱镜、暗场用环形反射镜。

由于观察目的不同,金相显微镜对试样的采光方式要求也不同。据此,照明方式可分为明场照明和暗场照明。

①明场照明。明场照明是金相显微镜普遍采用的照明方式。明场照明的特点是垂直照明器将来自光源的光束转向,穿过物镜近于垂直地照射到试样表面,由试样表面反射的光线再经物镜放大成像。如果试样是一个抛光的镜面,反射光几乎全部进入物镜成像,在目镜中可以看到镜面的像是明亮的一片。如果试样抛光后再经过浸蚀,试样表面高低不平,从浸蚀的组织上漫反射出来的光线就很少进入物镜成像,在目镜中看到黑色的被浸蚀组织映衬在明亮的视场之中。

在明场观察时,通常采用两种垂直照明器。一种是用平面玻璃做垂直照明器,如图2.16 所示。另一种是用全反射棱镜做垂直照明器,如图 2.17 所示。平面玻璃反射可使光线充满物镜的后透镜,有利于充分发挥物镜的鉴别能力,适用于中倍和高倍观察。但是,由于光线透过平面玻璃,致使反射光线损失较大,故成像的亮度小,衬度差。在低倍观察时,宜采用全反射棱镜做垂直照明器。全反射棱镜可使光线全部反射到物镜后透镜上,光线损失极少,成像亮度大,有较好的衬度。光线经棱镜全反射后略斜射于试样表面,可造成一定的立体感,有利于观察表面浮凸。全反射棱镜缺点是光线经棱镜全反射后经物镜后透镜的一半照射到试样表面,反射回来的光线经过透镜的另一半进入物镜,也就是说物镜实际使用的孔径角减小了一半,即数值孔径减小,从而大大降低了物镜的分辨率,因此只适用于低倍观察。

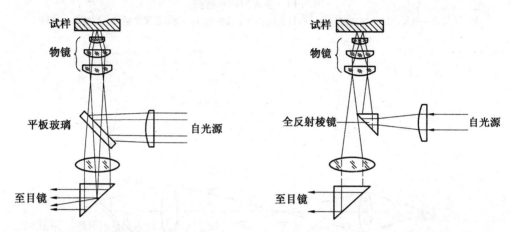

图 2.16　平面玻璃反射照明　　　　图 2.17　全反射棱镜照明

②暗场照明。暗场照明常用于非金属夹杂物的鉴定,图 2.18 为暗场照明光路图。暗场照明与明场照明不同,它的特点是入射光束以极大的倾斜角度投射在试样表面上,物镜不是照明系统的组成部分。光源经聚光透镜获得的平行光束,在环形光栏处受阻,仅使部分光线沿筒形管道通过,并由暗场环形反射镜转向后,沿着以光轴为中心的环形管道前进。此时,光线不通过物镜而首先投射到物镜外的曲面反射镜上,通过反射使光束斜射在试样表面上。如果试样是一个抛光镜面,则反射光线以极大的倾斜角度反射而不能进入物镜成像,在目镜中看到的是一片黑暗。如果试样抛光后再经过浸蚀,试样表面凹凸不平的显微组织或夹杂物会造成光线的漫反射,部分光线进入物镜成像,在目镜中看到呈明亮的像映衬在黑暗的视场之中。这与明场照明观察的结果正好相反。暗场照明还能正确地鉴定某些透明、半透明金属夹杂物的真实色彩。

(5)光栏

金相显微镜的光路系统中,一般装有两个光栏,靠近光源的称为孔径光栏,另一个称为视场光栏。光栏的作用是改善成像质量,控制通过系统的光通量和拦截系统中有害的杂散光等。

①孔径光栏。孔径光栏用来控制入射光束的粗细。当孔径光栏缩小时,进入物镜的光束变细,这时只有物镜的中心部分工作,从而减小了球面像差,加大了景深和衬度。但光束变细,使物镜孔径角缩小,降低了物镜的分辨能力。当孔径光栏扩大时,进入物

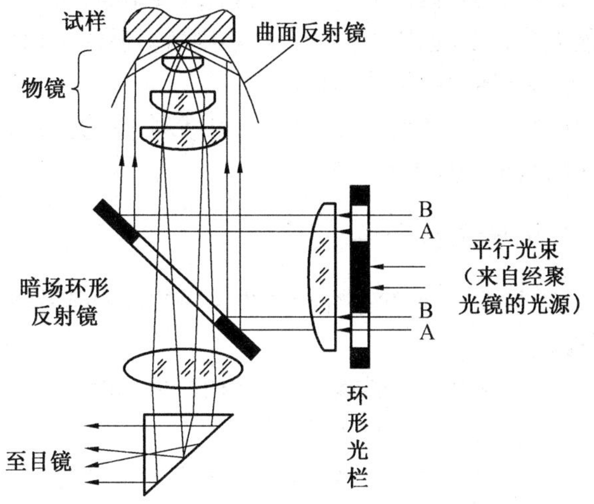

图 2.18　暗场照明光路图

镜的光束变粗,物镜的孔径角增大,可以使光线充满物镜的后透镜,分辨能力也随之提高,这时物镜的分辨能力达到了设计时的理论值,但是孔径光栏过大,又使球面像差及镜筒内部反射和眩光增加,从而降低成像质量。

为了充分发挥物镜的分辨能力,又要兼顾一定的景深、较好的衬度和成像质量,孔径光栏大小应以光束刚刚充满物镜后透镜为准。不同物镜有不同的数值孔径,更换物镜后,孔径光栏也应作相应的调整,以保证成像质量。

②视场光栏。视场光栏用来改变显微镜视场的大小,视场光栏的大小对物镜的分辨能力没有影响。缩小视场光栏,可减少镜筒内的杂散光,增加图像衬度。有时为了观察某一范围的组织,将视场光栏缩小至这个区域,可获得良好效果。在观察时,视场光栏一般调到与目镜视场大小相同。

(6)滤色片

滤色片是金相显微镜重要的辅助工具,滤色片的主要作用有:

①校正残余像差。由于消色差物镜的像差校正仅在黄绿光区域比较完善,所以应配有黄绿色滤色片,而其他色彩的滤色片均显著暴露消色差物镜的缺点,降低映像质量。复消色差物镜对各波区像差的校正均极佳,故可不用滤色片,或根据衬度需要选择。

②提高物镜的分辨率。光源的波长越短,物镜的分辨率越高。为了提高物镜的分辨率,采用蓝色滤光片,$\lambda = 440\ nm$ 的蓝光将比用 $\lambda = 550\ nm$ 的黄绿光具有更高的分辨率。

③增加映像衬度或提高彩色组织微细部分在黑白摄影时的分辨率。如经染色的金相试样在显微镜下可观察到鲜明的彩色映像,但采用黑白片摄影时,往往因其明暗差别小而得不到理想的衬度,此时需借助滤色片来改进衬度。

选择滤色片时,为了使某一相的色彩因滤色片加入而变成暗黑色调,以提高映像衬度,应使滤色片吸收掉对该相反射较高的光线,即运用该相色彩的补色来滤光。

如要分辨某一组成相的细微部分,则衬度退居次要地位,可选用与组成相同样色彩的滤色片,使该相能充分显示,如淬火高碳钢经热染后奥氏体呈棕黄色,马氏体呈绿色,加绿色滤色片有助于马氏体组织细节的显示。

④减弱光源的强度。采用灰色中性滤色片,可减弱入射光线的强度,从而得到合适的亮度,且入射光线的其他特性不发生变化。

2.1.3 常用金相显微镜介绍

金相显微镜的种类很多,下面简要介绍几种常用的金相显微镜。

1. 台式金相显微镜

台式金相显微镜属小型金相显微镜,具有结构简单、体积小、重量轻等优点。适用工厂及学校实验室做一般金相检验及教学。

国产 XJ-16 型(或 4X 型)金相显微镜是工厂里进行金相检验时使用最广泛的一种金相显微镜。图 2.19 为 XJ-16 型金相显微镜结构图。XJ-16 型金相显微镜为倒置式显微镜,载物台位于显微镜的上方,可以在水平方向上做二维运动,以改变所观察试样的部位。调焦使用同轴结构的粗动调焦手轮和微动调焦手轮。

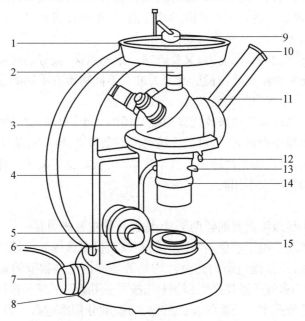

图 2.19 XJ-16 型金相显微镜结构图

1—载物台;2—物镜;3—转换器;4—传动箱;5—微动调焦手轮;6—粗动调焦手轮;7—光源;8—偏心圈;9—样品;10—目镜;11—目镜管;12—固定螺钉;13—调节螺钉;14—视场光栏;15—孔径光栏

显微镜的物镜为消色差物镜,物镜转换器上可同时安装三个物镜,目镜为惠更斯目镜。显微镜的光源为 6 ~ 8 V 钨丝灯,照明系统属于科勒照明,XJ-16 型金相显微镜可配接摄影装置,进行显微摄影。

XJ–16 型金相显微镜光学系统如图 2.20 所示。光线由灯泡 1 发出,经聚光镜组 2、反光镜 7 会聚于孔径光栏 8 上。随后经过聚光镜组 3、半反射镜 4 聚集在物镜组 6 的后焦面。由物体表面反射回来的光线复经过物镜组 6 和辅助透镜 5 到半反射镜 4 而折转向辅助透镜 10 及棱镜 11、棱镜 12 等一系列光学元件,最后形成一个倒立放大的实像,由目镜再次放大成虚像,这就是观察者从目镜视场中看到的物体放大的像。

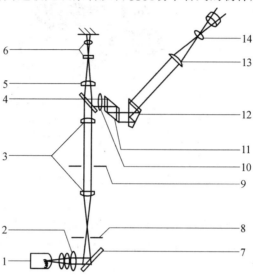

图 2.20 XJ–16 型金相显微镜的光学系统

1—灯泡;2—聚光镜组(一);3—聚光镜组(二);4—半反射镜;5—辅助透镜(一);6—物镜组;7—反光镜;8—孔径光栏;9—视场光栏;10—辅助透镜(二);11—棱镜;12—棱镜;13—场镜;14—接目镜

2. 立式金相显微镜

立式金相显微镜是一种中型的金相显微镜。与小型台式显微镜相比具有附件多,使用性能广泛的优点,可进行明视场、暗视场、偏光观察与摄影。有些立式金相显微镜还配备干涉、相衬、高温金相等附件。立式金相显微镜适合于中小工厂金相检验及教学、科研使用。图 2.21 为国产 XJL–02 型立式显微镜外形图。

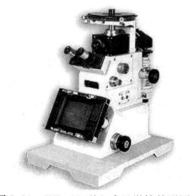

图 2.21 XJL–02 型立式显微镜外形图

3. 大型卧式金相显微镜

大型卧式显微镜一般设计完善、精确、最大可能地校正了各种光学像差,可获得高质量的图像,适合于精密研究工作。图 2.22 为国产 XJG-05 型卧式显微镜外形图。

图 2.22 XJG-05 型卧式显微镜外形图

以上介绍的都是在常温下研究金相组织的显微镜。但对于大多数金属与合金,随温度的上升或下降,金相组织会发生改变,需要使用高温金相显微镜。我国对高温金相显微镜的研究较晚,与国外发达国家相比差距较大,还需要很大的努力才能使仪器设备更加完善。

2.1.4 显微镜的维护保养及注意事项

金相显微镜属精密的光学仪器,为了延长显微镜的寿命,必须做到正确使用、及时维护、妥善保管,以减少故障的发生。

(1)使用显微镜前,首先应了解显微镜的结构及各部件的作用,熟悉其操作规程。

(2)显微镜应放置在干燥通风、少尘埃、无腐蚀气氛、无振动、无阳光直射的室内。

(3)显微镜的物镜和目镜装卸时应格外小心,不得用手触摸物镜和目镜的镜片。

(4)透镜上的灰尘、油脂、污垢不能用手或手帕去擦,以免在镜头上留下划痕及赃物,而应用软毛刷或镜头纸轻轻擦拭。

(5)操作时双手及样品要干净,试样上绝不允许残留酒精和腐蚀剂,以免腐蚀物镜等光学元件。

(6)调焦时,先用粗动调焦手轮调至物镜工作距离,出现模糊的图像,再用微动调焦手轮进一步精确调焦,使图像清晰可辨。避免频繁地旋转手轮。

(7)使用油浸物镜后,立即用脱脂棉或镜头纸将油镜上的油吸去,再用镜头纸或软细布沾少许二甲苯擦拭干净。

2.2 偏振光显微镜

偏振光显微镜是在普通光学金相显微镜的光学系统中加入偏光装置(起偏振镜和

检偏振镜),将普通光改变为偏振光,以鉴定某一物质具有各向同性或各向异性。各向异性是晶体的基本特性,因此,偏振光显微镜被广泛应用于矿物、化学等领域。

2.2.1　偏振光基础知识

1. 自然光和偏振光

光是一种电磁波,属于横波,其光矢量的振动方向与传播方向垂直。任何实际光源发出的一束光,都是由大量的原子或分子发光的总和。虽然某一原子或分子在某一瞬间发出的光波有一定的振动方向,但不同原子或分子在同一时刻(或同一原子或分子在不同时刻)发出的光波可能具有不同的振动方向,因此由实际光源发出的波列够成的光矢量,使得光振动在任意方向上的机会均等,呈现均匀分布,具有这种特征的光称为自然光,如图2.23(a)所示。太阳光、灯光等都属于自然光。

自然光通过某些光学元件(如偏振片)后出射的光线,可以成为只在一个方向上振动的光波,这种光称为偏振光,如图2.23(b)所示,通常将偏振光的振动方向与光传播方向构成的平面称为偏振面。

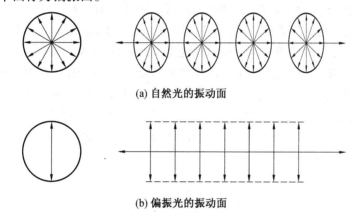

(a) 自然光的振动面

(b) 偏振光的振动面

图2.23　自然光与偏振光的振动特点

2. 偏振光的获得

一般情况下,光源不发射偏振光,而是发射自然光。自然光通过尼科尔棱镜或偏振片可获得偏振光。

(1)尼科尔棱镜

当一束自然光射入光学各向异性晶体时,分解为两束沿不同方向传播的光线,这种现象叫做双折射现象。这两束光线的特点是:一束光线在晶体内的传播遵循折射定律,无论入射光线方向如何,它的折射率都是不变的,这束光线称为寻常光,简称 o 光;另一束光线在晶体内的传播不遵循折射定律,即折射光线可以不在入射平面内,当入射光线方向变化时,它的折射率也随之变化,这束光线称为非常光,简称 e 光。o 光和 e 光均为偏振光,但其传播速度不同,折射率不同。图2.24为方解石的双折射现象,自然光由 A 点射入晶体,在晶体内分解为两束折射光线,o 光和 e 光,它们沿不同的方向传播。

实验发现,在各向异性晶体中存在着一个特定的方向,光线沿此方向射入晶体时不

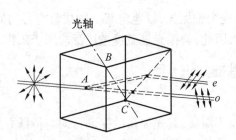

图 2.24　方解石的双折射现象

产生双折射现象,即 o 光和 e 光传播方向和传播速度相同,这个方向称为晶体的光轴。图 2.24 中方解石晶体中的 BC 线即为光轴。需要说明的是,晶体的光轴与光学系统的光轴概念不同,晶体的光轴仅仅表示晶体中的一个特定方向,并非指规定的某些特殊光线,沿晶体光轴传播的光线可以有很多条,而不只是一条或两条。

　　尼科尔棱镜是利用双折射现象得到偏振光的工具。图 2.25 为尼科尔棱镜的剖面图。尼科尔棱镜是由方解石晶体制成,其化学成分为碳酸钙($CaCO_3$),呈无色透明状。方解石晶体结构上易解理成斜六面体,先将两端天然面 AC、MN 分别与底边 CN、AM 磨成 68° 角,然后对角剖开成两个直角棱镜,再用加拿大树胶将剖面黏合起来,将侧面 CN 涂黑,就制成了尼科尔棱镜。当一束自然光由 AC 面射入方解石,发生双折射现象分解为 o 光和 e 光,o 光以 76° 的入射角射在加拿大树胶层上,这个角已超过了树胶与方解石对 o 光的临界角,因而不能穿过树胶层,会发生全反射,反射光被棱镜涂黑的 CN 面吸收;e 光折射后方向近似与 CN 面平行,不发生全反射,而是穿过棱镜从 MN 面射出,因而得到与晶体内 e 光相应的偏振光。其振动面在棱镜的主截面内,在图 2.25 中用短线表示。

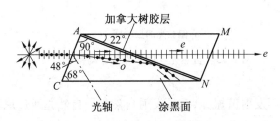

图 2.25　尼科尔棱镜

　　尼科尔棱镜的特点是对各色可见光透明度都很高,并能够均匀起偏,但其产生的偏振光面积不大,且天然方解石价格昂贵,故成本较高。

　　(2) 偏振片

　　在某些晶体内,o 光和 e 光被晶体吸收的程度有很大差别。例如,自然光射到电气石晶片上,经过很短光程(约 1 mm)后,o 光几乎全部被吸收,e 光则吸收的很少,因而得到与晶体内 e 光相应的偏振光。将某些双折射晶体对寻常光和非常光不同程度地选择吸收的这种性质称为晶体的二向色性。具有二向色性的晶体都可用来产生偏振光。利用电气石可以制作偏振片,但因其略带颜色且大小受限,故应用不多。实际中可用人造偏振片,人造偏振片是将硫酸碘奎宁微晶沉淀在聚氯乙烯或其他塑料薄膜上,当薄膜经过一定方向拉伸后,这些微晶便沿着拉伸方向整齐地排列起来,表现出和单晶一样的二向色性,当自然光射来时,吸收 o 光而使 e 光通过。

人造偏振片的特点是价格便宜、尺寸大小不受限制,故应用广泛,但这种薄膜偏振片有偏振不纯及透射光强较弱的缺点。

3. 直线偏振光、圆偏振光及椭圆偏振光

（1）直线偏振光

光线的振动方向都在一个平面内,这种偏振光称为平面偏振光。在正对光的传播方向观察时,这种光的振动方向是一条直线,因此又称为直线偏振光或线偏振光,如图2.23（b）所示。

（2）圆偏振光及椭圆偏振光

① 波晶片。波晶片简称波片,用来改变或检验光的偏振情况。在各向异性晶体中,当自然光沿晶体的光轴入射时,不发生双折射现象,即 o 光和 e 光重合;当自然光沿垂直于光轴的方向入射时,o 光和 e 光传播方向相同,但两者的速度相差最大,两束光线并不分开,而是保持一前一后传播。如果在晶体上沿平行于光轴方向切下一薄片,这时晶片表面与光轴平行,这样制得的晶片称为波晶片。当偏振光垂直于波片光轴入射时,在波片内就能形成传播方向相同但传播速度不同的 o 光和 e 光。光线通过的波片越厚,则出射后 o 光和 e 光的光程差越大。如果波片的厚度使出射的 o 光和 e 光光程差正好等于入射光线波长的整数倍,这种波片叫做全波片。同理,还有半波片和 $\frac{1}{4}$ 波片。利用不同厚度的波片可使直线偏振光变为不同性质的偏振光。

② 圆偏振光及椭圆偏振光的形成。当一束线偏振光垂直于晶体光轴入射时,所产生的 o 光和 e 光,是由同一光矢量分解出来的,它们的频率相同,振动面互相垂直,在光线进行方向上任一点 o 光和 e 光有固定的相位差,因而可以合成,其合成光矢量的末端轨迹,一般呈椭圆状,这种合成光称为椭圆偏振光,如图2.26所示。但随着时间变化,振动面也在不断变更,而且合成振动的振幅也在不断变化。当合成光矢量末端的轨迹呈圆形时,这种合成光称为圆偏振光。圆偏振光是椭圆偏振光的一种特殊情况。圆偏振光和椭圆偏振光在每一瞬间只有一个振动方向,所以仍属于偏振光。

如上所述,由不同相位差的 o 光和 e 光可以合成各类偏振光。o 光和 e 光的相位差与两束光在波片中折射率和波片的厚度有关。o 光和 e 光通过厚度为 d 的波片后产生的相位差为 $\Delta\varphi$,则

$$\Delta\varphi = \frac{2\pi}{\lambda}\Delta L = \frac{2\pi}{\lambda}(n_o - n_e)d \tag{2.9}$$

式中　　ΔL—— 光程差;

λ—— 入射光波长;

n_o, n_e——o 光、e 光在晶体内的折射率;

d—— 波片的厚度。

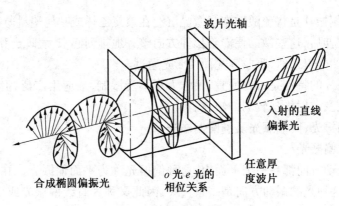

图 2.26　椭圆偏振光的形成

改变波片的厚度可得到不同相位的 o 光和 e 光,从而使直线偏振光变为不同性质的偏振光。当 $\Delta\varphi$ 为 $\dfrac{\pi}{2}$ 的偶数倍时可产生直线偏振光;当 $\Delta\varphi$ 为 $\dfrac{\pi}{2}$ 的奇数倍时,可产生圆偏振光;当 $\Delta\varphi$ 不是 $\dfrac{\pi}{2}$ 的整数倍时均可产生椭圆偏振光。

4. 起偏振镜和检偏振镜

产生偏振光的装置称为起偏振镜。鉴定起偏振镜所产生的偏振光的装置称为检偏振镜。如图 2.27 所示,起偏振镜的振动轴与水平方向呈 θ 角,检偏振镜的振动轴为水平方向。一束自然光通过起偏振镜后,产生直线偏振光 E,分解成两个互相垂直的分偏振光 $E\sin\theta$ 和 $E\cos\theta$,能通过检偏振镜的光只有 $E\cos\theta$。转动起偏振镜或检偏振镜,即改变 θ 角的大小,$E\cos\theta$ 值也会发生变化。当 $\theta = 0°$ 或 $\theta = 180°$ 时,起偏振镜和检偏振镜振动轴平行,起偏振镜产生的偏振光可以完全通过检偏振镜,这时通过检偏振镜的光线最强。当 $\theta = 90°$ 或 $\theta = 270°$ 时,起偏振镜和检偏振镜振动轴呈正交位置,起偏振镜产生的偏振光完全被检偏振镜阻挡,产生消光现象,没有光线通过检偏振镜。当检偏振镜和起偏振镜的振动轴成一定角度时,起偏振镜产生的偏振光只有部分能通过检偏振镜。因此,随起偏振镜和检偏振镜位置的变化,每 360° 交替出现两次光强度最大和消光现象。

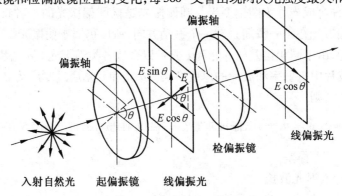

图 2.27　直线偏振光分析

如果是圆偏振光,无论检偏振镜的位置如何,总有一定等量的光线通过,光的强度不变,无消光现象。如果是椭圆偏振光,光的强度随检偏振镜的位置而改变。当检偏振镜振动轴与椭圆长轴方向一致时,光的强度最大;当检偏振镜振动轴与椭圆短轴振动方向一致时,光的强度最小。

2.2.2　偏振光显微镜

1.显微镜的偏光装置

金相显微镜的偏光装置,就是在入射光路和观察镜筒内各加入一个偏光镜,前一个偏光镜为起偏振镜,后一个偏光镜为检偏振镜。

起偏振镜作用是把来自光源的自然光变成线偏振光,检偏振镜也称为分析器,作用是鉴定起偏振镜所产生偏振光的偏振状态。起偏振镜和检偏振镜都是由尼科尔棱镜或偏振片制成。

图 2.28 是偏光显微镜偏光装置示意图。与普通光学显微镜相比,偏光显微镜除增加了起偏振镜和检偏振镜外,有的显微镜还加入一个灵敏色片,以获得色偏振光。

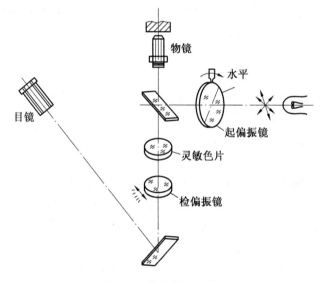

图 2.28　偏光装置示意图

2.偏光装置的调整

(1)起偏振镜位置的调整

起偏振镜一般安装在可以转动的圆框内,借助手柄在一定角度内转动,调整的目的是使入射光的偏振面呈水平,以保证垂直照明器反射进入物镜的偏振光强度最大,且仍为直线偏振光。

调整方法:将经过抛光而未经浸蚀的不锈钢(各向同性金属材料)试样放在载物台上,装入起偏振镜,不装检偏振镜,从目镜内观察聚焦后试样磨面上放射光的强度,转动起偏振镜,反射光强度发生明暗变化,当反射光最强时,就是起偏振镜振动轴的正确位置。

（2）检偏振镜位置的调整

起偏振镜调整好后，装入检偏振镜，调节检偏振镜的位置。当在目镜中观察到最暗的消光现象时，就是检偏振镜与起偏振镜正交的位置。在实际观察中，常将检偏振镜位置作一小角度偏转，以增加映像的衬度，其转动角度可由刻度盘指示。若将检偏振镜在正交位置转动 90°，则两偏振镜振动轴平行，这时和一般光线下照明效果相同。

许多金相显微镜在出厂时已经把起偏振镜或检偏振镜的振动轴的方向固定好，只需要调节另一个偏振镜的位置。

（3）载物台中心位置的调整

利用偏振光鉴别物相时，需要将载物台作 360°旋转。为了使观察目标在载物台旋转时不离开视域，必须在使用前调节载物台的机械中心与显微镜光学系统主轴相重合。一般是通过载物台上的对中螺钉进行调整的。

2.2.3　偏振光金相分析原理

金属材料按照光学性质不同可分为各向同性和各向异性金属。各向同性金属一般对偏振光不敏感，而各向异性金属对偏振光极为敏感。下面介绍在偏振光照射下各向同性与各向异性金属表面的反射情况。

1. 各向异性金属

一束直线偏振光照射到各向异性金属表面，分解为两束振动面相互垂直的偏振光反射出来，反射光将分别平行或垂直于晶体光轴，可用光矢量进行分析。当一束振幅为 P 的直线偏振光，与光轴成 φ 角垂直照射到晶体表面时，将分解为垂直于光轴和平行于光轴的两个分量 $P\sin\varphi$ 和 $P\cos\varphi$，如图 2.29 所示。若以 R 表示光轴方向的反射能力，S 表示垂直光轴方向的反射能力，那么反射光矢量就分别变为 $RP\sin\varphi$ 和 $SP\cos\varphi$。因各向异性金属沿光轴方向反射能力最强，即 $R > S$，当这两束相互垂直的反射光合成时，合成反射光的振动矢量不再沿着入射光的振动方向 PP，而是向 R 方向转动了 ω 角，沿着 $P'P'$ 振动，即反射的直线偏振光振动面发生了旋转，反射光的振动面与光轴的夹角为 φ_1，则旋转角度 $\omega = \varphi - \varphi_1$。

振动面旋转角度 ω 的大小与入射光振动方向和光轴的夹角 φ 有关。

当 $\varphi = n\dfrac{\pi}{2}$，$n = 0,1,2,3,\cdots$ 时，$\omega = 0$，振动面不发生旋转；

当 $\varphi = (2n + 1)\dfrac{\pi}{4}$，$n = 0,1,2,3,\cdots$ 时，振动面旋转角最大。

转动载物台，可改变振动面与光轴的夹角 φ。

在正交偏振光下观察各向异性金属组织时，因为金属上每个晶粒的光轴各不一致，则 φ 角大小不同，ω 的转动大小亦不相同，即反射光的振动面将发生旋转，使反射偏振光与检偏振镜的振动面不成正交位置，这样一部分反射光能通过检偏镜为人眼所察觉。反射光振动面旋转的越大，通过检偏振镜的光线就越强，当 φ 角为 $\dfrac{\pi}{4}$、$\dfrac{3\pi}{4}$、$\dfrac{5\pi}{4}$、$\dfrac{7\pi}{4}$

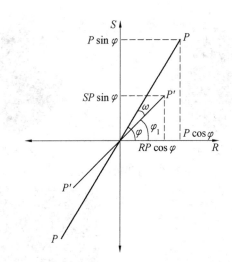

图 2.29 偏振光在各向异性金属表面反射的光矢量图

时,旋转角 ω 最大,通过检偏振镜的光线最强。在操作时,转动载物台,即转动试样来改变 φ 角,在载物台转动一周的过程中,可观察到四次最明亮及四次暗黑的现象。在正交偏振光下,能直接观察到各向异性金属的组织,而不需要进行化学浸蚀。

2. 各向同性金属

各向同性金属由于各方向光学性质是一致的,用光矢量分析有 $R = S$,因此不能使反射偏振光的振动面旋转,没有光线通过检偏振镜,转动载物台,始终看到的是暗黑的消光现象。

2.2.4 偏振光显微镜的应用

1. 各向异性组织的显示

在正交偏振光下,各向异性金属各晶粒呈现不同的亮度。具有同样亮度的晶粒光轴方向接近,有相同的位向。亮度不同,表征晶粒位向的差别。如前所述,正交偏振光下,各向异性金属不需要进行化学浸蚀而直接能观察到组织,这一点对于难以浸蚀出清晰组织的金属来说,是十分有利的。

图 2.30 为球墨铸铁的组织,其中的石墨属六方点阵,具有明显的各向异性性质,在偏振光下石墨放射状结构更显突出,当显微镜载物台转动 360° 时,石墨将出现发光和消光现象各四次,而在同一石墨球中,不同位向的石墨晶体,显示出不同的亮度。

具有六方结构的纯锌,如果在明视场照明下,只能观察到一片白色,而在正交偏振光下,晶粒及孪晶均清晰可辨,如图 2.31 所示。

2. 各向同性组织的显示

在正交偏振光下,各向同性金属反射光被检偏振镜所阻挡,产生消光现象。而当偏振光倾斜地射到各向同性金属表面时,可以看到明暗不同的晶粒。利用这一原理,可以对各向同性金属进行深浸蚀,深浸蚀后各晶粒位向不同,晶粒以不同的倾斜度呈现出

(a) 明场照明

(b) 偏光

图 2.30 球墨铸铁金相组织

(a) 明场照明

(b) 偏光

图 2.31 纯锌金相组织

来,从而反射出不同的椭圆偏振光,因而能看到不同亮度的晶粒。

3.多相合金相的鉴别

如果在两相合金中一相为各向同性,另一相为各向异性,那么在正交偏振光下各向异性的相在暗的基体中容易显示出来。

对于各向同性的两相,浸蚀程度不同,观察时可看到明暗不同的晶粒,因此也可由偏振光来加以区别。

4.非金属夹杂物的鉴别

(1)夹杂物各向同性与各向异性

夹杂物按光学性质不同分为各向同性和各向异性两类,这两类夹杂物可在偏振光下鉴别。

各向同性夹杂物在正交偏振光下反射光仍为线偏振光,看到的是暗黑的消光现象,转动载物台一周时,其亮度不发生变化。各向异性夹杂物在正交偏振光下反射光振动面发生转动,在转动载物台一周时会出现明显的四次明亮和四次消光现象。如钢中的 FeS 为六方晶系,在明场观察呈淡黄色,在正交偏振光下观察,为不透明,具有较强的各向异性。具有弱各向异性的夹杂物,可使检偏振镜转动一个小的角度,偏振镜不完全正交,转动载物台时,可观察到两次明亮和两次消光的现象。

(2)夹杂物透明度及固有色彩

某些夹杂物是透明的,并带有其固有色彩,这种透明夹杂物在偏振光下易于观察。透明夹杂物在明场照明时,入射光会透过夹杂物在与金属基体交界面处反射出来,夹杂物的反射光与基体的反射光混合在一起,因此,无法辨别夹杂物的透明度及固有色彩。在正交偏振光下,金属基体表面反射的光线仍为线偏振光,不能通过处于正交位置的检偏振镜,呈现暗黑消光状态,而透明夹杂物处光线既在外表面反射,又在透明处相内反射,因而改变了入射光的振动方向,反射光能够通过检偏振镜,从而可清晰呈现出夹杂物的固有色彩和判断夹杂物的透明度。

例如,在明视场下观察铬铁矿($FeO \cdot Cr_2O_3$)和绿铬矿(Cr_2O_3),其形状均为规则几何形状,由于金属基体表面强烈反射光的混淆作用,看不到夹杂物本身的真实色彩,都呈紫灰色。在明视场下两相形状、大小、分布、色彩都极为相似,难以识别。但在正交偏振光下观察,这两种极为相似的夹杂物却呈现出截然不同的色彩,铬铁矿($FeO \cdot Cr_2O_3$)发出暗红色的内反射,而绿铬矿(Cr_2O_3)发出翠绿色的内反射,从它们所具有的明显不同的本来色彩,可以很容易地将在明视场下无法识别的两种夹杂物区分出来。

(3)"黑十字"现象及等色环

球状透明夹杂物在正交偏振光下会呈现出一种特有的"黑十字"现象。当一束直线偏振光垂直投射到试样表面时,入射光在球状透明夹杂物与基体界面处发生反射,由于分界面为半球面,因而反射光线在各个方向都有,其中大部分为椭圆偏振光,因此仍有一定强度的光可通过正交位置的检偏振镜。但与振动面平行的入射面及与振动面垂直的入射面这两个方位的反射光仍为线偏振光,不能通过正交位置的检偏振镜,使球状夹杂物呈现黑十字特征。黑十字的方位与正交位置的起偏振镜及检偏振镜振动方向相对应。图2.32为在正交偏振光下,呈各向异性的sio_2夹杂物,透明并伴有"黑十字"。

图2.32 球状sio_2夹杂物"黑十字"现象

2.3 干涉显微镜

干涉显微镜是将显微镜和光波干涉技术结合起来设计而成的显微镜,在金相研究中利用干涉显微镜可精确测量试样表面的微小高度差,如用于表面光洁度、形变滑移带和切变型浮凸等的观察与测量。

2.3.1 干涉理论概述

1.光的干涉

光波的干涉现象是指两个(或多个)光波传播中相遇叠加时,在叠加区域内始终有某些点的光振幅得到加强,另一些点的光振幅减弱,从而形成光的强度稳定、明暗相间的空间分布(即干涉条纹)现象。

并不是任意的两列光波叠加都会产生干涉现象,要发生干涉现象的两列光波必须振动方向相同,频率相同,相位差恒定。这些要求称为光波的相干条件,满足相干条件的光波称为相干光波。

2. 劈尖干涉

图2.33为劈尖干涉的示意图:两块平面玻璃,一端互相叠合,另一端垫一薄纸即形成一个空气劈尖。当一束单色光入射时,在空气劈尖上下两表面所引起的反射光线具备干涉条件,发生干涉。劈尖两块平面玻璃之间的夹角为θ,劈尖在C点处的厚度为d,光线a、b在劈尖上下表面反射后形成相干光的光程差为

$$\Delta L = 2nd + \frac{\lambda}{2}$$

式中,n为两平面玻璃间介质的折射率(空气介质$n=1$),由于光线从空气劈尖下表面反射时是从光疏介质射向光密介质,所以要附加半波损失$\frac{\lambda}{2}$。空气劈尖各处的厚度d不同,所以光程差也不同,反射光的干涉条件为

$$\Delta L = 2nd + \frac{\lambda}{2} = k\lambda, k = 1,2,3,\cdots \text{干涉加强而得到明亮条纹}$$

$$\Delta L = 2nd + \frac{\lambda}{2} = (2k+1)\frac{\lambda}{2}, k = 0,1,2,\cdots \text{干涉抵消而得到暗色条纹}$$

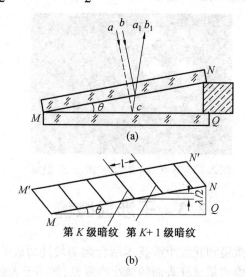

图 2.33　劈尖干涉示意图

一定的明暗条纹对应一定的劈尖厚度,所以这些干涉条纹称为等厚条纹,也叫做斐索条纹。等厚条纹是一系列与棱边MM'平行的、间距相等的、亮暗相间的条纹,如图2.33(b)所示。任意两个相邻的明条纹(或暗条纹)之间的光程差为一个波长,即$2d = \lambda$。所以两个相邻明条纹(或暗条纹)间空气层的厚度差为$d = \frac{\lambda}{2}$。两相邻明条纹

（或暗条纹）之间的距离为 l ，则 l 与劈尖夹角 θ 关系为

$$l = \frac{\lambda}{2\sin\theta} \approx \frac{\lambda}{2\theta}$$

可见，劈尖的倾角 θ 越小，单色光波长越长，条纹间间距越大。

如果用被检测试样表面代替其中一个玻璃反射面时，即可应用劈尖原理检查试样表面的平整度。如果被检测试样表面是平整的平面，那么劈尖空气层厚度相同的各点就在同一直线上，产生的干涉条纹是一组平行的直线；如果被检测试样表面不平整，那么劈尖空气层厚度相同的各点就不在同一直线上，产生的干涉条纹发生弯曲。如图2.34所示。

图 2.34 干涉法检查表面平整度

根据对干涉条纹的测量，可以计算出试样表面凸起或凹下的高度。如图2.35所示，a 为干涉条纹弯曲量，b 为相邻明条纹（或暗条纹）之间的距离，α 为轮廓角，已知相邻两干涉明条纹（或暗条纹）之间高度差为 $\frac{\lambda}{2}$，则凸起的高度 H 可用下式求出

$$H = \frac{a}{b} \cdot \frac{\lambda}{2}$$

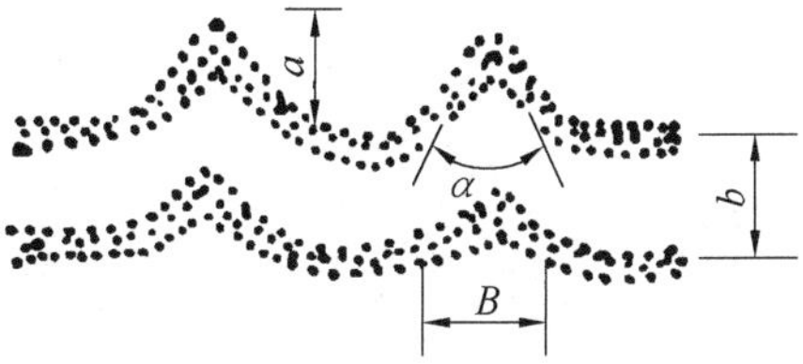

图 2.35 干涉条纹的计算

同时按下式可测定凸出处底部宽度

$$B = 2a \cdot \tan\frac{\alpha}{2}$$

3. 牛顿环

把一个曲率半径 R 很大的平凸透镜 A 凸面朝下放置在一块平板玻璃 B 上，则 A、B 之间形成一厚度 h 从中心 O 向外逐渐增大且旋转对称的空气薄膜，如图2.36所示。当单色光垂直入射时，入射光在空气层上下两表面反射，并在上表面相遇产生干涉形成明暗相间的圆环形干涉条纹，这种干涉条纹最早被牛顿发现，所以称为牛顿环。各明环（或暗环）处空气膜厚度相等故为等厚干涉。圆环中心处为一个暗点，从中心向外圆环

间距逐渐减小,越往外圆环越密,如图 2.37 所示的牛顿环干涉图样。将平板玻璃换成被检测试样,根据牛顿环形状的变化可检测出试样表面的高度差别及微观形貌。

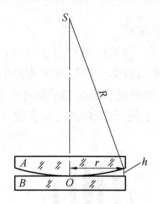

图 2.36　牛顿环干涉装置

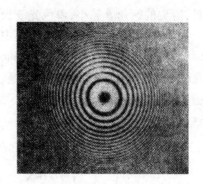

图 2.37　牛顿环干涉图样

2.3.2　干涉显微镜

1.双光束干涉显微镜

双光束干涉显微镜在精密测量中应用普遍,也称其为林尼克干涉显微镜,各国的生产型号很多,下面以国产 6JA 型干涉显微镜为例进行说明,其光学系统如图 2.38 所示。

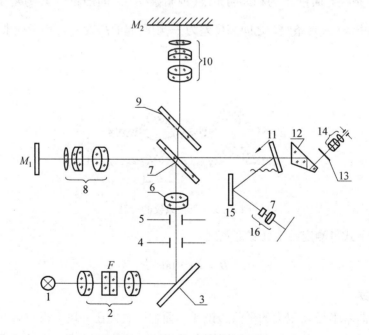

图 2.38　6JA 型干涉显微镜光学系统

1—光源;2—聚光镜;3、11、15—反射镜;4—孔径光栏;5—视场光栏;6—照明物镜;7—分光板;8、10—物镜;
9—补偿板;12—转向棱镜;13—分划板;14—目镜;16—摄影物镜

从光源发出的单色光经聚光镜投射到孔径光栏和视场光栏上,通过照明物镜的光经分光板被分为两部分:一部分反射,另一部分透射。被反射的光经物镜射向标准反射镜 M_1,再由 M_1 反射后原路返回至分光板,再在分光板上反射,射向目镜。从分光板上透射的光线通过补偿板、物镜射向样品表面 M_2,再由 M_2 反射,通过分光板射向目镜,在目镜分划板上两束光产生干涉,从目镜中可以观察到干涉条纹。若样品表面平滑,则干涉条纹是平直的;当样品表面有深浅变化时,M_2 反射回来的光的光程将发生变化,从而导致在目镜中观测到的干涉条纹发生弯曲。由于双光束干涉显微镜是两束光发生干涉,干涉条纹一般较粗。

图 2.39 为 6JA 型干涉显微镜的外形图,其主体是个方箱,上面是工作台,用于放置被测件。前面的目镜是一个普通的测微目镜,转动测微目镜上的鼓轮能使目镜视场中十字线移动,位移量可由分划刻度和鼓轮上刻度读出。后面是干涉条纹调节机构,转动其上的调节手柄,可改变干涉条纹的方向和宽度。其下面是灯源、照相机。主体安置在底座上,两旁还有各种用途的手轮,可改变孔径光栏的大小及转动遮光板。

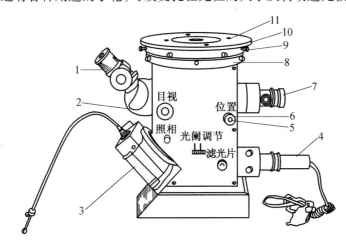

图 2.39　6JA 型干涉显微镜的外形图

1—测微目镜;2—目视、照相转换钮;3—照相机;4—光源;5—干涉带宽度调整钮;6—干涉带方向调整钮;

7—参考镜微调螺丝;8—工作盘高低移动(调焦)盘;9—工作台转动盘;10—工作台平移盘;11—工作台

2. 多光束干涉显微镜

多光束干涉显微镜可以得到细而清晰的干涉条纹,可显示更微小的高度差,提高了测量精度。

图 2.40 为多光束干涉显微镜的光路示意图,与一般金相显微镜的构造基本相同。多光束干涉显微镜要求照明为单色强平行光,在观测的试样上装一标准平面玻璃,在其靠试样的一面镀有半透明的银薄膜,光线在试样与平面玻璃之间反复多次反射、透射而发生多光束干涉。

一般金相显微镜进行干涉分析时通常要做一个试样夹具,图 2.41 为供倒立式金相显微镜干涉分析时使用的夹具,标准板面对试样的一面镀有金属薄膜,试样与标准平面之间的距离和倾斜角度可借助螺丝进行调节。

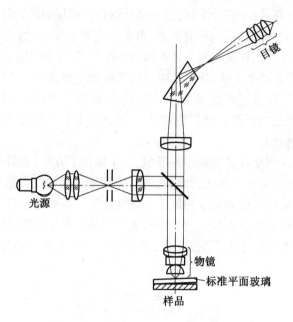

图 2.40 多光束干涉显微镜光路图

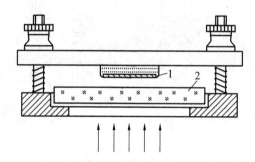

图 2.41 多光束干涉用试样夹具
1—试样;2—标准板

2.3.3 干涉显微镜的应用

1. 表面光洁度的测定

电解抛光、化学抛光后试样的表面质量可用干涉显微镜加以鉴定。根据干涉条纹的形状可知表面光洁度的好坏,如条纹弯曲不大说明抛光或表面较平整。

2. 金属塑性变形的研究

用干涉显微镜可以精确地测定滑移带高度及多晶体试样内各处的变形程度等。

3. 相变浮凸的研究

马氏体、贝氏体及魏氏体组织,用干涉显微镜能有效地鉴定表面浮凸的形貌。

图 2.42 为 Fe-Ni 合金中马氏体针浮凸的干涉条纹。

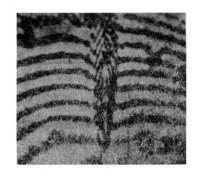

图 2.42 马氏体针浮凸

2.4 相衬显微镜

相衬显微镜也叫相位差或相差显微镜。1934 年荷兰物理学家泽尔尼克（Zernike）运用相衬原理设计并制造了相衬显微镜。相衬显微镜的成功制造和普遍应用，是近代显微技术极为重要的成就，为此泽尔尼克获得了 1953 年度的物理学诺贝尔奖。

一般光学金相显微镜是靠试样表面反射光的强度差来鉴别金相组织的。不同的组织反射系数不同，而产生不同的灰度。反射系数较小的组织，在显微镜下较灰暗；反射系数较大的组织，在显微镜下较明亮。但有些情况下，不同组织的反射系数极为接近，从而导致衬度很小，组织间仅有微小高度差，用一般金相显微镜很难鉴别出来，而利用相衬技术可以解决这一问题，相衬技术有效地利用了光的衍射和干涉现象，将具有微小位相差的光转化为具有较大强度差的光，提高了衬度。

2.4.1 相衬光学原理

1. 光学原理

如图 2.43 所示，在一金相试样上，两相间具有一个微小高度差 Δd，两相的反射系数相等，则光线在高低两面上反射光的强度也相等，人眼几乎看不到衬度的差别。低凹相反射光 P 比高凸相反射光 S 多走了 $\Delta L = 2\Delta d$ 的光程，因此 P 比 S 滞后 $\Delta\varphi$ 位相。S 与高凸相上反射光的振幅相同，称为直射光，D 称为衍射光，其方向和大小取决于 P 与 S 的位相差。由于 P 与 S 仅有微小的位相差，所以一般金相显微镜无法鉴别。可以近似认为 D 比 S 滞后 $\dfrac{\pi}{2}$，存在 $\dfrac{\lambda}{4}$ 的光程差，如果设法使 S 的相位推迟或提前 $\dfrac{\pi}{2}$，使直射光 S 与衍射光 D 变为同相（相位差为零）或反相（相位差为 π），叠加的结果，P 有明显的增强或减弱，这样就能显示出 P 与 S 的差别。但是由于直射光 S 的振幅远大于衍射光 D 的振幅，即使改变了 S 的位相，叠加的结果仍不是很明显，因此还需要将直射光的振幅降低，使它接近衍射光的强度，叠加后能获得明显的强度差别。因此，使直射光移相及降幅是相衬原理的基本原则。

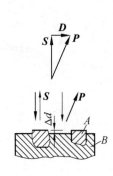
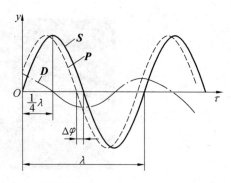

图 2.43　相衬光学原理

2. 相衬的种类

（1）正相衬（暗衬）

将直射光 S 提前 $\dfrac{\lambda}{4}$（相位提前 $\dfrac{\pi}{2}$），直射光 S 与衍射光 D 反相，由于它们干涉合成的光波振幅为二者振幅之差。叠加的结果高凸相的强度高于低凹相的强度，低凹相将比高凸相显得黑暗，所以叫做暗衬，又叫正相衬，如图 2.44 所示。

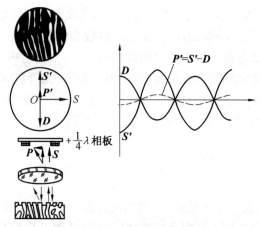

图 2.44　正相衬光矢量分析

（2）负相衬（明衬）

将直射光 S 推迟 $\dfrac{\lambda}{4}$（相位推迟 $\dfrac{\pi}{2}$），直射光 S 与衍射光 D 同相，由于干涉作用其振幅为两者之和。叠加的结果低凹相将比高凸相显得更明亮，所以叫做明衬，又叫负相衬，如图 2.45 所示。

2.4.2　相衬显微镜

1. 相衬装置

（1）环形光栏

环形光栏也叫环形遮光板，安置在照明系统中靠近孔径光栏处，环形光栏常做成圆

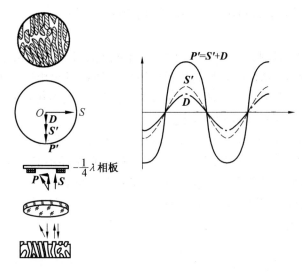

图 2.45　负相衬光矢量分析

环或同心双环状,其主要作用是向显微镜提供环状光源。在相衬分析中,将孔径光栏开大,装入环形光栏,入射光通过其上的环形狭缝后变为环形光束。使用时要将一定倍数的物镜与相应倍数的环形光栏匹配使用。

（2）相板

相板是一块透明圆玻璃片,在对应环形光栏透光的圆环处镀有两层不同的膜,一层是相位膜,是氟化镁在真空中蒸发而成的膜,光线通过它时相位通常被推迟 $\frac{\pi}{2}$,这就起到了移相的作用。增加氟化镁镀层的厚度,直射光位相可推迟 $\frac{3\pi}{2}$ （相当于相位超前 $\frac{\pi}{2}$ ）。另一层是吸收膜,是银或铝等金属在真空中蒸发而成的膜,直射光通过镀银或镀铝层振幅显著降低,起到了调幅的作用,带有镀层的环称为相环。相板结构图如图2.46 所示。

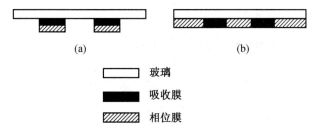

(a)　　　　　　　　　　(b)

▢ 玻璃

■ 吸收膜

▨ 相位膜

图 2.46　相板结构示意图（侧面）

相板分固定相板和活动相板两种。固定相板安置在相衬物镜的后焦面上,相衬物镜是专为相衬显微镜而设计的物镜。相板一部分可通过直射光,另一部分可通过衍射光,相衬物镜的镜头上常刻有"Ph"字样,显微镜上配有一块插入式相板座,插入式相板座上附有各种不同大小的相环,以配用不同倍率的物镜使用。

（3）辅助透镜

辅助透镜的作用是调整经过环形光栏的光束,使之正好落在相环上,这样才能得到更好的相衬观察效果,从而使环形光栏适应不同倍率物镜的相环。调整辅助透镜的位置,可使环形光束完全投影在相环上。更换物镜的同时,需要更换相应的辅助透镜。

（4）同轴调节望远镜或勃特兰透镜

同轴调节望远镜的工作距离长,放大率为 4～5 倍,其作用是使环状光栏的中心与物镜的光轴完全吻合在一条直线上。如果环形光束和相环不能吻合,则环状光束将从相板泻出,相衬效果将显著下降,所以在观察前要进行同轴调整。调整时要卸下一只目镜,换上调节望远镜,对着物镜的相板,使环形光栏的像与相环完全重合,再去掉调节望远镜换回目镜,完成同轴调整。新型的显微镜都配有勃特兰透镜,其作用是调整光程。

2. 相衬显微镜

相衬显微镜结构如图 2.47 所示。相衬显微镜是在普通显微镜中加入两个光学零件,在靠近孔径光栏处更换一块环形光栏,在物镜后焦面上放置一块相板。

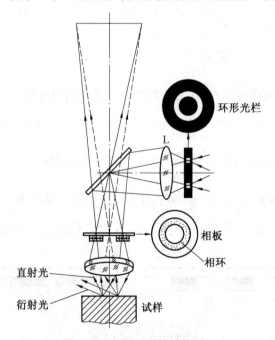

图 2.47　相衬显微镜结构图

光线经环形光栏后呈环形光束射入,借助辅助透镜 L 调整,使环形光束与相板相环重合。如果试样表面平整光滑,那么反射光进入物镜后与相环吻合,如果试样表面凹凸不平,则高凸相反射光为直射光 S,经物镜后投射到相环上,而低凹相反射光 P 包括直射光 S 和衍射光 D 两部分,直射光透过相环,而衍射光则由各个方向进入物镜投射到相板的整个平面上。借助环形光栏和相板的配合使反射光中的直射光与衍射光在相板上通过不同的区域,即直射光通过相板上相环部分,衍射光通过相板整个平面,通过相环部分的直射光可借相环移相和降低振幅,这样低凹相的直射光经过相环后与衍射光同相或者反相,他们具备干涉条件而干涉叠加,干涉叠加后使两相微小高度差转变为光强度的差别。

试样表面具有微小高度差,其反光能力相近,在一般显微镜下不能分辨,可以采用相衬方法加以辨别。一般认为高度差在 10 ～ 150 nm 范围内采用相衬法鉴别组织较为适宜,采用特殊相板可以分辨到 5 nm 左右。如果高度差过大,低凹相反射光 P 与高凸相反射光 S 的相位差加大,经过移相后的 S 则不能认为与衍射光 D 同相或反相,叠加后的干涉效果不明显,相衬效果差;如果高度差过小,而使 D 非常微弱,S 远高于 D,叠加后干涉效果同样不明显,亦不能得到好的相衬效果。

2.4.3 相衬显微镜的应用

1. 滑移线、位错、表面浮凸的观察

用相衬法可显示一般显微镜下难以观察的更细小的滑移带,晶体螺旋生长的螺旋线,表面浮凸试样的观察:如马氏体、贝氏体相变浮凸,显微硬度微小压痕的精确测量等。图 2.48 为马氏体浮凸。

 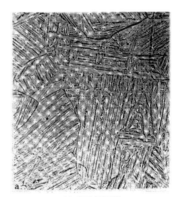

(a) 明场照明　　　　　　　　　　(b) 相衬照明

图 2.48　马氏体浮凸

2. 过共析钢球化退火组织及高速钢淬火组织的观察

过共析钢球化退火组织为铁素体基体上分布大量渗碳体颗粒。在明视场观察时,经硝酸酒精溶液浸蚀后,凸起的渗碳体颗粒和铁素体两相都是明亮的,它们只是在相界面处呈暗黑色,整个视域的反差较低。如果在正相衬照明条件下观察,凸起的渗碳体是明亮的,铁素体则是灰暗的,两相反差明显。同理,观察高速钢淬火组织时,明视场下碳化物与基体的反差小,难于分辨。如果在正相衬照明下,碳化物高于基体是明亮的,基体是灰暗的,从而便于对碳化物分析和定量。图 2.49 为高速钢淬火组织。

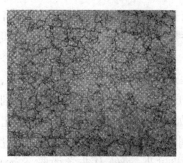
(a) 明场照明

(b) 相衬照明

图 2.49　高速钢的淬火组织

3. 显微偏析的显示

当固溶体成分不均匀时,样品抛光后将在磨面上造成微小高度差,明场不能分辨,可借助相衬装置清晰显示。

第3章　定量金相分析

金属材料的显微组织特征与性能存在着密切的联系,这些显微组织特征包括晶粒尺寸、位错密度、相的相对量、相的几何形状和分布、第二相粒子间距等。对金属材料的显微组织进行定性分析,可以说明金属材料的某些性能特征,但不能确切地表达它们之间的关系,利用定量金相的方法测量计算组织中相应组成相的特征参数,能建立起显微组织与材料性能的定量关系。

金属材料是不透明的,因此不能直接观察到三维显微组织图象,只能在二维截面上或从薄膜透射投影的二维组织图象上对组织进行测量,再推断出三维组织图象。然而通过二维图象来推断空间组织的真实情况是很困难的,只依靠一个物体的单一截面所获得的断面轮廓对空间形状并不能做出任何有价值的判断,如果依靠这个物体相当多的随机截面上所得的信息做出这个物体空间无限多个连续截面,则可能做出有一定价值的判断。这种运用数理统计和图象分析技术由二维图象来推断三维组织图象的科学称为体视学,定量金相分析的基础是体视学,把体视学应用于金相学研究的科学叫定量金相学。

定量金相分析需要进行大量重复的观测,测量耗时、繁杂,有时产生的误差较大,而且测量速度慢。近年来,图象分析仪的发展和计算机的广泛应用,促进了定量金相分析的发展,使得定量金相测量迅速、方便,应用更加广阔。

3.1　定量测量原理

3.1.1　基本符号

定量金相的基本符号采用国际通用的体视学符号,定量金相测量的是点数、线长、平面面积、曲面面积、体积、测量对象的数目等,分别以 P、L、A、S、V 和 N 来表示。定量金相测量结果常用测量对象的量与测试用量的比值来描述,用带下标的符号表示。例如 $N_A = \dfrac{测量对象个数}{测量用的面积}$,表示单位测量面积上测量对象的数目;同理,$P_L$ 表示单位长度测量线和测量对象的交点数。其他符号依此类推,常用基本符号如下。

P_P—— 测量对象落在总测试点上的点分数。

P_L—— 单位长度测量线上的交点数。

P_A—— 单位测量面积上的点数。

P_V—— 单位测量体积中的点数。

L_L—— 单位长度测量线上测量对象的长度。

L_A—— 单位测量面积上的线长度。

L_V—— 单位测量体积中的线长度。

A_A—— 单位测量面积上测量对象所占的面积。

S_V—— 单位测量体积中所含有的表面积。

V_V—— 单位测量体积中测量对象所占的体积。

N_L—— 单位测量线长度上测量对象的数目。

N_A—— 单位测量面积上测量对象的数目。

N_V—— 单位测量体积中测量对象的数目。

$\bar{L}$—— 平均截线长度,等于 L_L/N_L。

$\bar{A}$—— 平均截面积,等于 A_A/N_A。

$\bar{S}$—— 平均曲面积,等于 S_V/N_V。

$\bar{V}$—— 平均体积,等于 V_V/N_V。

3.1.2 基本公式

定量金相常用的几个基本公式如下:

(1) $V_V = A_A = L_L = P_P$

(2) $S_V = \dfrac{4}{\pi}L_A = 2P_L$

(3) $L_V = 2P_A$

(4) $P_V = \dfrac{1}{2}L_V S_V = 2P_A P_L$

表3.1列出了定量金相一些常用基本量之间的关系。表中画圆圈的量是可以直接测量得到的,如 P_P、P_L、P_A、P_V、L_L、A_A;另外一些画方框的量是三维参数,不可直接测量,只能通过上述的基本公式从其他测定量中计算出来,如 V_V、S_V、L_V、P_V。表中箭头表示通过公式可以从一个量推算出另一个量。

公式(1) $V_V = A_A = L_L = P_P$,说明组织中被测相的体积分数 V_V 等于任意截面上该相的面积分数 A_A,又等于在该截面上该相在任意的测量线上所占的线段分数 L_L,还等于在截面上随意放置的测试格点落到该相上点的数目与总测试格点数之比 P_P。

公式(2) $S_V = \dfrac{4}{\pi}L_A = 2P_L$,通过测量单位测量面积上的线长度 L_A 及单位测量线上被测相的点数 P_L,可以计算单位体积中被测相的表面积。

公式(3) $L_V = 2P_A$,通过测量单位测量面积中被测相所占的点数 P_A,可以计算出单位测量体积中的线长度 L_V。

公式(4) $P_V = \dfrac{1}{2}L_V S_V = 2P_A P_L$,只要测出 P_A、P_L,便可确定出 P_V。

表 3.1 定量金相基本量之间的关系

量纲	mm^0	mm^{-1}	mm^{-2}	mm^{-3}
点	P_P →	P_L →	P_A →	P_V
线	L_L	L_A	L_V	
面	A_A	S_V		
体	V_V			

3.2 定量金相的基本方法

3.2.1 网格数点法

网格数点法通常是使用一个固定的测量网格来计点,测量网格的节点总数 P_T 是已知的,数出被测相落在网格节点上的数目 P,则可求得 $P_P = \dfrac{P}{P_T} \times 100\%$,从而根据点的参量而获得被测相的数目,根据公式 $V_V = P_P$,得出被测相的体积分数。

网格数点法所使用的网格间距为 6 mm × 6 mm、10 mm × 10 mm、15 mm × 15 mm 的网格,可以使用透明薄膜自行制备,测量时将其覆盖在显微组织照片上,也可以将网格装在目镜中。测量时要求选择有代表性的视场,并且被测相显示清晰,测量视场一般不少于三个,测量网格的间距与被测物相之间的距离应接近。以图 3.1 为例,测定铁素体基球墨铸铁中石墨的体积分数 V_V,首先选择合适的测量网格(选用 10 mm × 10 mm 的测量网格),将其覆盖在被测的组织照片上,数出落在被测相上的网格节点数,在图中

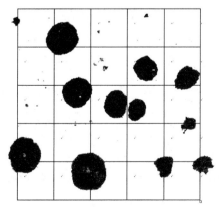

图 3.1 网格数点法测球墨铸铁中石墨含量

有 5 个石墨球落在网格节点上,有 1 个石墨球与网格节点相切,以 $\frac{1}{2}$ 点计数,则 $P = 5 +$ $\frac{1}{2}$,测试使用网格节点总数 $P_T = 36$,因此 $P_P = \frac{P}{P_T} \times 100\% = \frac{5.5}{36} \times 100\% = 15.3\%$。因为 $V_V = P_P$,故 $V_V = 15.3\%$,即球墨铸铁中石墨所占的体积分数为 15.3%。

3.2.2　网格截线法

1. 求单位长度测量线上交点数 P_L 或物体数 N_L

网格截线法的测试用线可以是平行线组,也可以是一组同心圆,如图 3.2 所示,图 3.2(a) 中的放射线可以帮助确定有向组织所需的角度,如果测量对象的有向性程度较高,为了减小误差,可以采用图 3.2(b) 的圆周线进行测量。

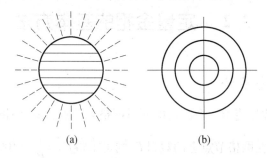

(a)　　　　　　　　　　(b)

图 3.2　网格截线法测试线

测量时将测试线重叠在被测相上,测量测试线与被测相的交点数 P 及被测相截割的线段长度 L。已知测试平行线组或测试圆周线的总长度为 L_T,即可求出单位测试线上被测相的点数 P_L 及长度 L_L,L_L 也是获得 V_V 值的方法。如果测试线的端点恰好落在线组织上,则应以 $\frac{1}{2}$ 点计数。

测量单位测试线截获的物体数 N_L 的方法与测 P_L 和 L_L 相似,只是以截获的颗粒数代替交点数,并允许外形不规则的颗粒可以被测试线截获一次以上。

对于单相组织,$P_L = N_L$,如图 3.3(a) 所示,测试线所截获的晶粒间交点数 P_L 和截获的晶粒数 N_L 都为 8。当被测相为第二相粒子时,$P_L = 2N_L$,如图 3.3(b) 所示,测试线截获的相界交点数 $P_L = 8$,截获第二相的颗粒数 $N_L = 4$。

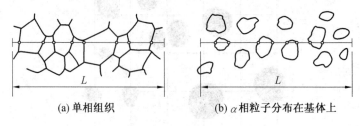

(a) 单相组织　　　　　　　　(b) α 相粒子分布在基体上

图 3.3　网格截线法求 P_L 和 N_L

2. 求单位测量面积上的交点数 P_A 或物体数 N_A

在图 3.4 中,已知测试圆面积为 0.5 mm²,把测试面积中三个晶粒的交点作为被测点,则 $P = 57$,可求得单位面积上的交点数 $P_A = \dfrac{57}{0.5} = 114$ mm⁻²。图中被测试圆包围的晶粒数为 30.5 个(被圆周截获的晶粒,每个以 $\dfrac{1}{2}$ 计数),可求得单位面积中晶粒数 $N_A = \dfrac{30.5}{0.5} = 61$ mm⁻²。

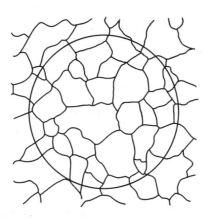

图 3.4 求测试面积上的 P_A 和 N_A

3.2.3 显微镜目镜刻度测定法

这种方法是选择带有刻度的目镜直接在显微镜视场中进行测量。显微镜放大倍数的选择应控制待测相最小截距不小于测量工具的最小刻度。测量时,测量出四个角度(0°、45°、90°、135°)或八个角度(0°、22.5°、45°、67.5°、90°、112.5°、135°、157.5°)被待测物相截割的线段长 L,取平均值后,再除以目镜测量线总长 $L_总$,即可求出单位长度测量线上测量对象的长度 L_L。当待测物相边缘与测量线重合时,重合线段以 $\dfrac{1}{2}$ 计数。

3.3 显微组织特征参数测量举例

3.3.1 晶粒大小的测量

晶粒大小的概念一般采用晶粒直径或晶粒度数值来表示。

1. 平均截线长度

用晶粒直径来表示晶粒大小时,一般用平均截线长度来表示晶粒直径。平均截线长度是指在截面上任意测试直线穿过每个晶粒长度的平均值。二维截面的平均截线长度用 L_2 表示,三维截面的平均截线长度用 L_3 表示。当测量次数足够多时,L_2 等于 L_3。

对于单相晶粒,平均截线长度为

$$L_2 = \frac{1}{N_L} = \frac{L_T}{PM} \tag{3.1}$$

式中　　N_L—— 单位长度测量线上截到的晶粒数;

　　　　L_T—— 任意通过的测试线总长度;

　　　　P—— 测试线与晶界总交点数;

　　　　M—— 显微镜的放大倍数。

2. 晶粒度

用晶粒度表示晶粒大小时,晶粒度的测定通常使用与标准系列评级图进行比较的方法,这种比较法只能粗略估计晶粒的大小。根据 GB/T 6394—2002 规定,晶粒度计算公式为

$$N = 2^{G-1} \tag{3.2}$$

式中　　N—— 放大 100 倍时 645 mm^2 面积内包含的晶粒个数;

　　　　G—— 晶粒度级别。

换算成每平方毫米的晶粒个数 N_A 时

$$G = \frac{\log N_A}{\log 2} - 3 \tag{3.3}$$

因此,只要测出每平方毫米的晶粒个数 N_A,即可求出晶粒度级别。

3.3.2　第二相颗粒的几何尺寸测定

第二相颗粒的间距对金属材料的力学性能有很大的影响,表示第二相颗粒间距的参数主要有两种:

1. 平均自由程 λ

平均自由程是指截面上最近的颗粒间从边缘到相邻颗粒边缘距离的平均值,用符号 λ 表示,如图 3.5 所示。平均自由程可由公式测定

$$\lambda = \frac{1 - L_L}{N_L} \tag{3.4}$$

式中　　L_L—— 单位长度测试线上交截的第二相粒子长度;

　　　　N_L—— 单位长度测试线上交截的第二相粒子个数。

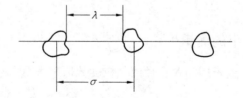

图 3.5　第二相颗粒的平均自由程和平均粒子间距

2. 平均粒子间距 σ

平均粒子间距是指相邻粒子中心间距离的平均值,用符号 σ 表示,如图 3.5 所示。

由公式测定

$$\sigma = \frac{1}{N_L} \tag{3.5}$$

3.3.3 线长度及界面面积测量

测量单位面积内测量对象的线长度,主要是测量晶界线长度,孪晶与基体间的总界面长度及片状石墨的平均长度等。测量单位体积内测量对象界面面积通常是指单相或多相合金中的晶粒表面积,第二相脱溶物的表面积等。这些量的测定,只要选择适当的测试网格,运用本章 3.1 节介绍的定量金相基本公式,就能方便的测算出来。

对于单相组织,若单位截面积内晶界线长度为 L_A,则用公式 $L_A = \frac{\pi}{2} P_L$,可求出 L_A。若单位体积内晶界界面积为 S_V,则用公式 $S_V = 2P_L = 2N_L$,可求出 S_V。对于分布在基体上的第二相(α 相)粒子,则 $(L_A)_\alpha = \frac{\pi}{2} P_L = \pi N_L$,$(S_V)_\alpha = 2P_L = 4N_L$,从而求出第二相粒子在截面上的线长度及单位体积中的界面面积。

3.3.4 多相合金中各组成相相对量的测定

在实际金相检测中,常需测定多相合金组织中各组成相所占的相对量。如测定钢中铁素体和珠光体的相对量,钢中残余奥氏体量,铸铁中的石墨量等。测定组织中各组成相的相对量主要是依据公式 $V_V = A_A = L_L = P_P$,只要测出待测相的 L_L 或 P_P,即可求得该相所占的体积分数 V_V。

1. 测量 L_L 法

在显微组织照片上作任意直线,它被组织中各个相截成若干线段,把落在被测相上的线段相加,得总长度 L_α,然后除以测试线总长度 L_T,则可得出被测相体积百分数 $V_V = L_L = \dfrac{L_\alpha}{L_T}$。

2. 测量 P_P 法

在目镜镜筒上装上有十字线的目镜,每次将显微镜载物台移动相同的距离,观察通过十字线交点的第二相,把交点落在第二相的次数加起来,除以观察总次数,即得第二相的体积百分数。

3.4 误差分析

任何测量总是不可避免地存在误差,测量设备的选择、测量方法和测量环境的变化、操作人员的习惯等都会给测量结果带来误差。测量误差是系统误差和偶然误差的综合结果,系统误差是指测量体系中某些固定因素引起的误差,偶然误差是指在相同条件下多次测量时,不可预定变化的误差。

系统误差是固定的,高斯推导出偶然误差分布规律的数学表达式,证明大多数测量的偶然误差都服从正态分布,用标准误差 σ 作为表征其概率分布的特征参数。标准误差 σ 的数值小,说明单次测量数据对平均值的分散度小,测量的可靠性大,即测量精度高,反之亦然。在实际的误差分析中,标准误差 σ 是最重要和最常用的误差评定指标,计算公式为

$$\sigma = \sqrt{\frac{\sum\limits_{i=1}^{n}(x_i - \bar{x})^2}{n-1}} \tag{3.6}$$

式中　　x—— 第 i 次的测量值;

　　　　$\bar{x}$—— 测量值的算术平均值;

　　　　n—— 测量次数。

当测量次数 n 无限大时,$n \approx (n-1)$,于是

$$\sigma = \sqrt{\frac{\sum\limits_{i=1}^{n}(x_i - \bar{x})^2}{n}} \tag{3.7}$$

在多次测量中是以算数平均值 $\bar{x}$ 作为测量结果的,但是算数平均值对于真值具有不可靠性和一定的分散,因此采用算数平均值的标准误差作为其不可靠性和分散程度的评定标准,计算算数平均值标准误差的公式为

$$\sigma(\bar{x}) = \frac{\sigma}{\sqrt{n}} \tag{3.8}$$

可见,测量次数 n 越多,所得的算术平均值就越接近真值,测量的精度也就越高。

3.5　自动图像分析仪的应用

自动图像分析仪是以先进的电子光学与电子计算机技术代替人眼和统计计算,可迅速而准确地进行测量和数据的分类整理、运算,其测量速度快,数据准确性高,大大节约了测量和数据处理时间,提高了工作效率和测试精度。目前,自动图像分析仪已成为现代科学研究中不可缺少的设备之一。

3.5.1　仪器原理简介

用一扫描光束或电子束在所分析的图像上进行扫描,当扫描束从一个组成相转移到另一个组成相时,由于彼此间的灰度(即图像的黑白对比度) 不同,就会导致脉冲的变化。把沿着扫描束所走过的一定长度的脉冲数和脉冲持续时间记录下来。这样,就和用直线截过组织的测量一样得到我们需要的可测量量 L_L、N_L、L_3、P_L 等,然后经计算机系统处理,给出测量结果。图 3.6 为自动图像分析仪的结构示意图,其中成像系统的功能是将试样成像和放大。自动图像分析仪一般可配接不同的成像仪器,如光学显微镜、透射电镜、扫描电镜、电子探针、投影仪等。扫描器的功能是使图像完成光电转换。用扫描光束或电子束在图像上进行扫描,图像明暗衬度的变化,就会形成一个个电压脉

冲,脉冲的数目和明暗突变的次数有关,脉冲的持续时间与明相或暗相的大小、截距有关。探测器能分辨出不同灰度的测试相,给出不同灰度的测试物质的定量分析数据。计算机是仪器的指挥中心,负担程序控制和数据处理任务。显示器将仪器工作情况与计算结果用适当的方式显示出来。输出设备将计算的结果打印输出。

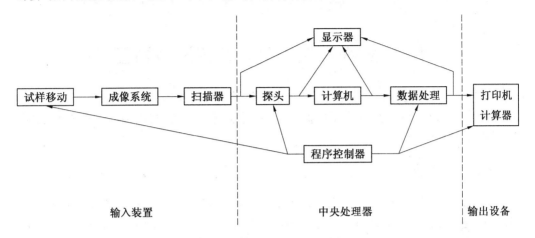

图 3.6 自动图像分析仪的结构示意图

我国在定量金相分析方面的研究起步较晚,早期主要靠引进国外先进的设备来满足生产和研究的需要。近年来,我国的金相分析技术发展较快,现在使用中的金相图像分析仪主要包含两大类:一类是在20世纪80年代以图像帧存产品基础上不断改进和完善的,如 Lecia 公司的 LeciaQ550MW 和最新一代的 Quantimet。另一类是基于 NSP 概念开发的,以计算机内存 CPU 为中心,如 Buehler 公司的 OMNIMET 和 ClemexTechnologies 公司的 ClemexVision。

3.5.2 图像分析仪的应用

自动图像分析仪可直接测出的几何参数有:特征物的周长、面积、投影长度等,通过计算处理还可得到一系列导出参数,如形状因子等。另外,还能以基本参数为判据,决定对怎样的视场或特征物进行测量。因此,图像分析仪的用途十分广泛,在金相分析方面,可测定晶粒度、非金属夹杂物、组成相或组织的统计分类和相对量的测定等。除此以外,自动图像分析仪在冶金、生物、医学、矿物学、固体物理学等方面应用也十分广泛。

第4章 金属塑性变形与再结晶

4.1 塑性变形的基本方式及其特征

当所受应力超过弹性极限以后,金属材料将发生塑性变形,而金属的塑性变形都是位错运动的结果。在常温和低温下金属塑性变形方式主要有两种:即滑移和孪生,此外还有扭折及其他变形方式。

4.1.1 滑移

晶体在切应力作用下,其中的一部分沿一定的晶面和晶向与另一部分发生相对的滑动,这种变形方式称为滑移。通过滑移产生的变形称为滑移变形,滑移变形的特点是不改变晶体的取向、不改变晶体的点阵类型、在晶体表面上产生台阶。

1. 滑移带与滑移线

实验表明,将一个金属圆柱试样表面抛光,经过适当拉伸,由于塑性变形的结果,则出现许多相互平行的条纹。通过光学显微镜观察到的塑性变形后试样表面形成的滑移条纹称为滑移带,如图4.1所示。经高分辨率的电镜分析表明,每条滑移带实际上是由一簇相互平行的线条组成,我们把组成滑移带的平行线条称为滑移线,如图4.2所示。两滑移带之间的距离要视塑性变形程度而定,塑性变形量大,则滑移带在表面分布密集。图4.3、图4.4分别为光学显微镜下所观察到的工业纯铁及纯铝拉伸变形后的滑移带。

图4.1 铜中的滑移带(500×)

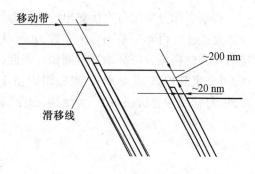

图4.2 滑移带与滑移线示意图

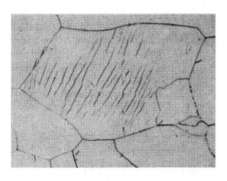

图 4.3 工业纯铁中的滑移带(400×)

图 4.4 纯铝(拉伸后)的滑移带

2. 滑移系

在塑性变形试样中出现的滑移线与滑移带并不是任意排列的,它们彼此之间或者相互平行,或者互成一定角度。这表明金属中的滑移是晶体的一部分沿着特定的晶面和晶向相对于另一部分作相对的滑动。这些特定的晶面和晶向分别称为金属的滑移面和滑移方向。滑移面是能够发生滑移的晶面(原子密度最大或次大的晶面),用"{}"表示。滑移方向是在滑移面上能够进行滑移的方向(原子密度最大的方向),用"<>"表示。一般来说,滑移面总是原子排列最密的晶面,而滑移方向也总是原子排列最密的晶向。这是因为原子面密度最大时,其面间距最大,原子间结合力小,位错滑移所需的临界切应力小,位错易发生移动;原子排列最密的晶向上,原子间距小,而原子列之间的间距最大,原子列之间的结合力最弱,位错滑移所需的临界切应力小,位错易发生移动;密排面(列)上,原子间距小,位错运动引起的畸变小;同时位错的能量小,位错易形成,稳定性大,移动越容易。所以滑移总是优先沿着原子密度最大的晶面和晶向上进行。

晶体中一个滑移面和其上的一个滑移方向的组合,称为一个滑移系。金属的晶体结构不同,其滑移面和滑移方向也不同,三种常见金属结构的滑移系见表4.1。

表 4.1 三种常见金属结构的滑移系

晶体结构	体心立方结构	面心立方结构	密排六方结构
滑移面	$\{110\}$ 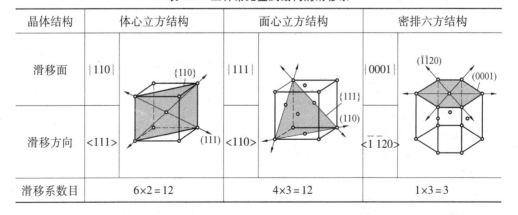	$\{111\}$	$\{0001\}$
滑移方向	$<111>$	$<110>$	$<1\bar{1}20>$
滑移系数目	$6\times2=12$	$4\times3=12$	$1\times3=3$

金属塑性变形能力,首先决定于本身的晶体结构,即滑移系的多少。立方结构的金属其滑移系多,如面心立方的金、银、铜和铝等,体心立方的α-Fe、钨、钼、钽和铌等都能够在外力作用下产生大量的滑移变形。密排六方结构的金属滑移系较少,如锌、钛在室

温下的滑移系只有(0001)和(11$\bar{2}$0),共有3个,所以塑性变形能力较差。此外金属的塑性变形还取决于滑移面上原子的密排程度、变形温度、应力状态、晶粒大小等因素。因此,只能说在其他条件基本相同的情况下,滑移系将是决定金属塑性变形能力的主要因素。

4.1.2　孪生

在切应力作用下,晶体的一部分相对于另一部分沿特定的晶面和晶向发生一定角度的均匀切变称为孪生。经孪生变形后,发生变形和未变形的两部分以它们的界面为镜面,形成镜像对称的一对晶体叫孪晶,发生孪生的区域称为孪晶带。

现以面心立方晶体为例,分析孪生的切变过程及原子位移情况,如图4.5所示。图4.5(a)为面心立方晶体的孪晶面(111)和[11$\bar{2}$]孪生方向,后者为(111)与($\bar{1}$10)的交截线。为便于表示孪生时晶体的切变,图4.5(b)是以($\bar{1}$10)为纸面并展开,(111)垂直于纸面组成的原子切变位移模型。由图可见,在切应力作用下,晶体的孪生变形发生在由一系列(111)晶面构成的均匀切变孪生区(孪生面 AH 和 GN 之间),即发生孪生时,每层(111)面都沿孪生方向相对移动了一定距离。孪生变形时,均匀切变孪生区的晶体取向发生变化,从而使切变部分与未切变部分以孪生面为界面,形成镜面对称的结构。

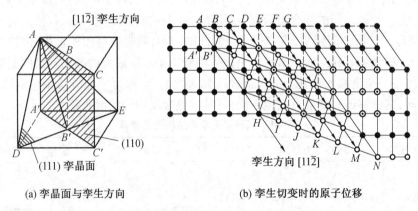

(a) 孪晶面与孪生方向　　　　(b) 孪生切变时的原子位移

图4.5　面心立方晶体的孪生变形过程

孪生变形的主要特点是:

(1)部分晶体发生了均匀的切变,位移量正比于至孪晶面的距离。切变时,原子移动的距离不是孪生方向原子间距的整数倍。

(2)引起晶体取向变化(成镜面对称)。

(3)不改变晶体的点阵类型。

(4)孪生所需的临界分切应力比滑移大很多。

(5)孪晶为条带状(可以是平直的、透镜状),可以平行,也可以相交成一定角度。

(6)孪晶生长要求通过基体的其他塑变方式(滑移、扭折)进行协调。

(7)孪生对总变形量贡献不大(提供 7% ~ 10%)。但孪生是滑移补充,当滑移不能进行时,孪生改变晶体取向,使滑移继续。

图 4.6 为锌中的变形孪晶,一般为透镜状,截面成针状。图 4.7 为纯铁中的变形孪晶。

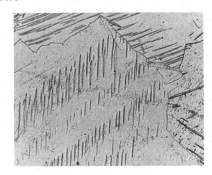

图 4.6　锌中的变形孪晶(100×)

图 4.7　纯铁中的变形孪晶(100×)

图 4.8 为单相(3/7)黄铜变形退火后形成的退火孪晶。图 4.9 为奥氏体中的孪晶。

图 4.8　3/7 黄铜中的退火孪晶

图 4.9　奥氏体中的孪晶

综上所述,孪生与滑移的主要区别见表 4.2。

表 4.2　孪生与滑移的主要区别

滑移	孪生
(1)一部分晶体沿滑移面相对于另一部分晶体做切变,切变时原子移动的距离是滑移方向原子间距的整数倍	(1)一部分晶体沿孪晶面相对于另一部分晶体做切变,切变时原子移动的距离不是孪生方向原子间距的整数倍
(2)滑移面两边晶体位向不变	(2)孪晶面两边晶体位向不同,成镜面对称
(3)滑移所造成的台阶经抛光后,即使再浸蚀也不会出现	(3)由于孪生改变了晶体的取向,因此孪晶经抛光和浸蚀后仍能重现
(4)滑移是一种不均匀的切变,它只集中在某一些晶面上大量进行,而各滑移带之间的晶体并未发生滑移	(4)孪生是一种均匀的切变,即在切变区内与孪晶面平行的每一层原子面均相对于毗邻晶面沿孪生方向移动了一定的距离

4.1.3　扭折

扭折是晶体形变的另一种形式。由于各种原因,晶体中不同部位的受力情况和形变方式可能有很大的差异,对于那些既不能进行滑移也不能进行孪生的地方,晶体将通过扭折做不均匀的局部塑变来进行塑性变形。以密排六方晶格的镉单晶进行纵向压缩变形为例,若外力恰与 hcp 的底面(0001)平行,由于此时 $\phi = 90°$,$\cos\phi = 0$,滑移面上的分切应力为零,晶体不能作滑移变形;若此时孪生过程因阻力很大,无法进行。在此情况下,如继续增大压力,则为了使晶体的形状与外力相适应,当外力超过某一临界值时晶体将会产生局部弯曲,如图 4.10 所示。此种变形方式称为扭折,变形区域则称为扭折带,其中折曲区有清晰的界面,上下界面由符号相反的两列刃位错组成。在折曲区的两侧为弯曲区,由同号刃型位错堆积而成,取向逐渐过渡且左右两侧的位错符号相反。

晶体经过扭折后,扭折区内的晶体位向发生了不对称的变化,有可能使该区域内的滑移系处于有利取向,从而产生滑移。扭折也是晶体松弛应力的方式之一。

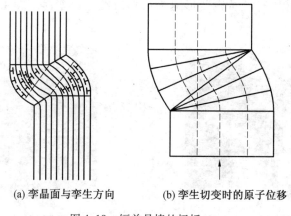

(a) 孪晶面与孪生方向　　　　　(b) 孪生切变时的原子位移

图 4.10　镉单晶棒的扭折

4.2　塑性变形后金属组织与性能的变化

金属经塑性变形后,其外形与尺寸会发生改变,同时在晶粒内出现滑移带和孪晶等组织特征,此外各种性能指标将不同程度地发生变化。

4.2.1　塑性变形后组织的变化

1. 显微组织的变化

经塑性变形后,金属材料的显微组织发生明显的改变。除了每个晶粒内出现大量的滑移带和孪晶带外,随着变形程度的增加,原来的等轴晶粒将逐渐沿其变形方向伸长,如图 4.11 所示。当变形量很大时,晶粒变得模糊不清,晶粒难以分辨而呈现出一片如纤维状的条纹,称之为纤维组织。纤维的分布取向即是材料流变伸展的方向。这里应该指出的是:冷变形金属的组织与所观察到的试样截面位置有关,如果沿垂直变形方向截取试样,则截面的显微组织不能真实反映晶粒的变形情况。

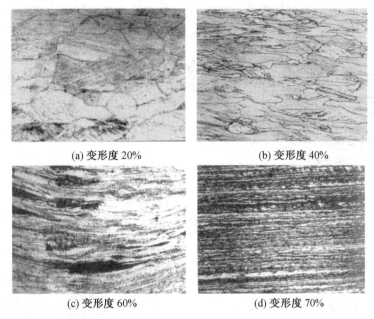

(a) 变形度 20%　　　　　　(b) 变形度 40%

(c) 变形度 60%　　　　　　(d) 变形度 70%

图 4.11　不同变形量纯铁的组织形态

图 4.12 为 A235 钢冷压后的扫描电镜照片。冷压 20%,晶粒开始沿形变方向被拉长,如图 4.12(a)所示;冷压 60% 晶粒已显著被拉长,如图 4.12(b)所示。

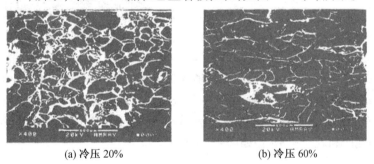

(a) 冷压 20%　　　　　　(b) 冷压 60%

图 4.12　A235 钢冷压后的扫描电镜照片

2. 亚结构的变化

金属晶体的塑性变形是借助位错在应力的作用下不断运动和增殖的结果。随着变形程度的增加,晶体中位错密度迅速提高,经严重变形后,位错密度可由变形前退火态的 $10^6 \sim 10^7 / \mathrm{cm}^2$ 增至 $10^{11} \sim 10^{12} / \mathrm{cm}^2$。在位错密度增大的同时,大量位错将会发生相互作用使位错缠结形成胞状亚结构(胞状亚组织)。其中,胞壁由位错缠结组成,在胞壁与胞壁之间的空间,位错密度甚小。用透射电镜观察铝的冷变形晶粒时,就会看到如图 4.13 所示的情况。其晶粒看上去为一个单晶,实际上由若干个亚晶组成,如图 4.13(a)所示。一般地说,如果变形后金属中不存在明显的位错缠结,退火将促使其形成;进一步充分退火时,位错缠结更加集中,形成清晰的亚晶界,如图4.13(b)所示。但有一点很重要,冷变形晶粒在光学显微镜下见到的完整小单晶体,实际上可能是由上百万个亚晶组成的,这些亚晶粒取向差很小,其界面是由位错缠结组成的胞壁。

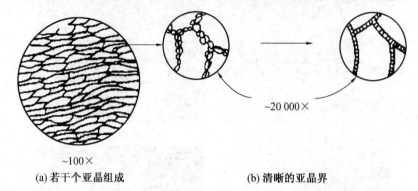

~20 000×

~100×

(a) 若干个亚晶组成　　　　　　　　　(b) 清晰的亚晶界

图4.13　铝中晶粒与亚晶粒结构示意图

图4.14为铜单晶体经过冷轧变形后形成的胞状亚结构,从图中可以看出,高密度的缠结位错主要集中在胞的周围构成了胞壁,而胞内位错密度很低。

3. 形变织构的产生

在塑性变形中,随着形变程度的增加,各个晶粒的滑移面和滑移方向都要向主形变方向转动,逐渐使多晶体中原来取向互不相同的各个晶粒在空间取向上呈现一定程度的规律性,这一现象称为择优取向,这

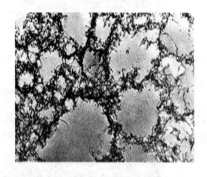

图4.14　铜单晶体冷轧后的胞状亚结构

种组织状态则称为形变织构。形变织构随加工变形方式不同主要有两种类型:拔丝时形成的织构称为丝织构,其主要特征为各晶粒的某一晶向大致与拔丝方向相平行,如图4.15所示;轧板时形成的织构称为板织构,其主要特征为各个晶粒的某一晶面和晶向分别趋于同轧面和轧向相平行,如图4.16所示。

拉丝方向 ——→

轧制方向 ——→

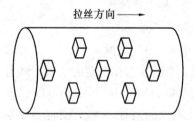

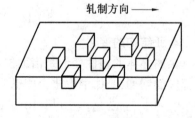

图4.15　丝织构示意图　　　　　　　　图4.16　板织构示意图

由于织构造成了各向异性,其存在对材料的加工成形性和使用性能都有很大的影响,因为织构不仅出现在冷加工变形的材料中,即使进行了退火处理也仍然存在,故在工业生产中应予以高度重视。通常,不希望金属板材存在织构,特别是用于深冲压成形

的板材,织构会造成沿各方向变形的不均匀性,使工件的边缘出现高低不平,产生所谓"制耳"。但在某些情况下,又有利用织构提高板材性能的例子,如变压器用硅钢片,由于α-Fe<100>方向最易磁化,故生产中通过适当控制轧制工艺可获得具有(110)[001]织构和磁化性能优异的硅钢片,表4.3为常见金属与合金的丝织构与板织构。

表4.3　几种金属及合金的丝织构与板织构

晶体结构	金属或合金	丝织构	板织构	
面心立方	Cu,Ni,Ag,Al,Cu–Ni,Cu–Zn	<111>+<100>	{110}	<112>
体心立方	α–Fe,Mo,W 铁素体钢	<110>	{001} {110} {111}	<110> <100> <110>
密排六方	Mg,Zn	<1010>	{0001}	<1120>

4.2.2　塑性变形后性能的变化

由于塑性变形造成金属内部组织结构的变化,必将会导致力学性能、物理性能以及化学性能的相关变化,最为显著的是引起加工硬化现象。所谓加工硬化就是金属材料经过一定量的塑性变形后,屈服强度和硬度显著提高,塑性、韧性下降的现象。

同时经塑性变形后,可导致金属的电阻率增加,金属相应的电阻温度系数下降,磁导率下降,热导率降低,铁磁材料的磁滞损耗及矫顽抗力增大。由于塑性变形使得金属中的结构缺陷增多,自由焓升高,因而导致金属中的扩散过程加速,金属的化学活性增大,腐蚀速度加快。

4.3　冷变形后金属加热时组织与性能的变化

塑性变形后的金属或合金,不仅内部组织结构与各项性能均发生相应的变化,而且由于空位、位错等结构缺陷密度的增加,以及畸变能的升高,将使其处于热力学不稳定的高自由能状态。因此,经塑性变形的材料具有自发恢复到变形前低自由能状态的趋势。当冷变形金属加热时将依次发生回复、再结晶和晶粒长大等过程。实际上,这种划分是不严格的,各阶段经常会发生重叠。了解这些过程的发生和发展规律,对于改善和控制金属材料的组织和性能具有重要的意义。

冷变形金属加热时组织和性能的变化如图4.17所示。

4.3.1　回复

回复系指冷塑性变形的金属在加热时,尚未发生再结晶时微观结构变化的过程。通常指冷变形金属在退火时,发生组织性能变化的早期阶段。回复阶段所发生的变化都不涉及大角度晶界的迁移,因而回复仅是形变材料的结构完整化过程。这个过程是

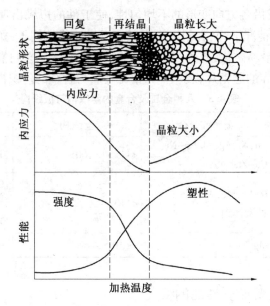

图 4.17 冷变形金属加热时组织与性能变化示意图

通过点缺陷消除、位错对消和重新排列实现的。根据回复阶段加热温度的不同,其内部结构的变化特征与机制可大致分为以下三种。

1. 低温回复

变形金属经低温加热时所产生的回复,主要与空位等点缺陷的运动有关。通过空位迁移至晶界或金属表面、空位与位错的交互作用、空位与间隙原子的重新结合等方式,导致塑性变形时增加的大量空位不断消失,点缺陷密度明显下降。

2. 中温回复

加热温度稍高时,会发生位错运动和重新分布,回复的机制主要与位错的滑移有关。在热激活的条件下,原受阻位错开始发生滑移,从而导致位错分布组态的改变。其中同一滑移面上异号位错可以相互吸引而抵消,位错偶极子的两根位错线相消等,这些都将使位错密度降低。

图 4.18 为变形与位错缠结所形成的胞状亚晶在中温回复时期的变化过程。图 4.18(a)和图 4.18(b)为变形形成的位错缠结和胞状结构,4.18(c)为胞内的位错重新排列和对消,4.18(d)为胞壁锋锐化形成的亚晶,4.18(e)为亚晶的长大。

图 4.19 为一组经 5% 变形的纯铝在 200℃ 保温不同时间后的金属薄膜透射电子显微组织。

3. 高温回复

高温加热时,在热激活的作用下位错不但可以进行滑移,而且还可以进行攀移,发生多边形化。图 4.20 为经弯曲变形的单晶体产生高温回复多边形化前后位错组态的变化。其中图 4.20(a)为弯曲变形后沿某滑移面及其平行晶面分布的刃型位错塞积群;图 4.20(b)为高温回复时位错攀移与滑移后沿垂直于滑移面方向排列具有一定取向差的位错墙(小角度亚晶界)以及由此产生的亚晶,即多边形化结构。

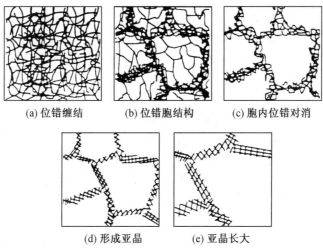

(a) 位错缠结　(b) 位错胞结构　(c) 胞内位错对消

(d) 形成亚晶　(e) 亚晶长大

图 4.18　变形与位错缠结所形成的胞状亚晶在中温回复时期的变化过程

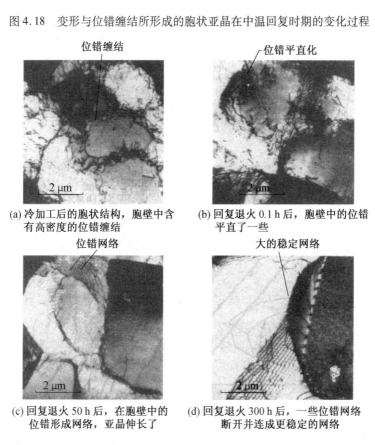

(a) 冷加工后的胞状结构,胞壁中含　(b) 回复退火 0.1 h 后,胞壁中的位错
有高密度的位错缠结　　　　　　　　平直了一些

(c) 回复退火 50 h 后,在胞壁中的　(d) 回复退火 300 h 后,一些位错网络
位错形成网络,亚晶伸长了　　　　断开并连成更稳定的网络

图 4.19　纯铝多晶体(冷变形 5%)在 200℃保温不同时间后的金属薄膜透射电子显微组织

　　采用浸蚀法使晶体表面位错露头处产生蚀坑,可以显现多边形化的过程。图 4.21 为铁硅合金经弯曲变形与高温回复退火时逐渐形成多边形化结构图像。

　　某些金属在高温回复阶段中除发生多边形化之外,相邻亚晶之间还存在合并与长

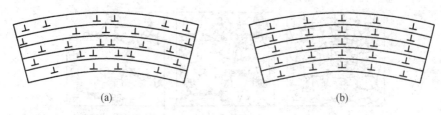

(a)　　　　　　　　　　　　　　　(b)

图 4.20　产生高温回复多边形化前后位错组态的变化

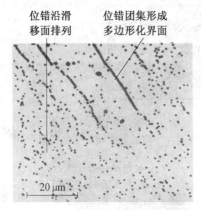

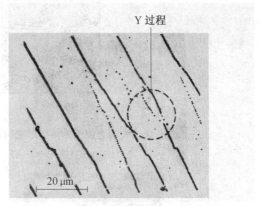

(a) 经 700°C、1 h 退火后，位错沿滑移面
排列，有少部分位错排列成多边形化界面

(b) 经 925°C、1 h 退火，几乎所有对处在多边
形化界面上，相邻的界面正在粗化 (Y 过程)

图 4.21　铁硅合金经弯曲变形与高温回复退火时形成多边形化结构图像

大过程,如图 4.22 所示。其中,亚晶的合并主要通过两相邻亚晶的转动,从而使取向趋于一致并通过亚晶界消失而实现。这种区域性的、大量的位错调整和消失,只有在高温下才能进行。高温回复时发生的亚晶合并有可能成为再结晶的核心。

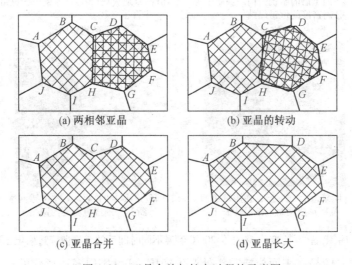

(a) 两相邻亚晶　　　　　　　　　　(b) 亚晶的转动

(c) 亚晶合并　　　　　　　　　　　(d) 亚晶长大

图 4.22　亚晶合并与长大过程的示意图

4.3.2　再结晶

1.再结晶晶核的形成与长大

当冷变形金属加热到一定温度之后,在原来变形组织的基体上通过形核与长大的方式产生了新的无畸变的新晶粒,从而取代全部变形组织,此过程称为再结晶。再结晶不是相变,只是一种组织的变化。

图4.23为再结晶过程示意图,其中影线部分代表原变形晶粒组织,白色部分代表无畸变的新晶粒。从图中可知,再结晶是形核和长大的过程。

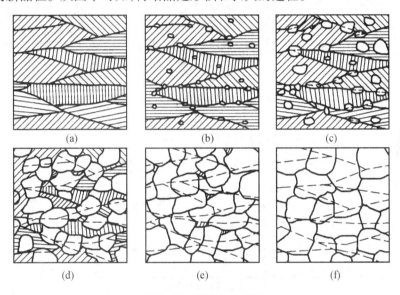

图4.23　再结晶示意图

图4.24为黄铜再结晶过程的显微组织照片,其中图4.24(a)为经33%冷加工变形的晶粒组织;图4.24(b)为冷加工变形后在580℃保温3 s后的组织照片,在图上可看到在形变的滑移带(形变过渡带)上形成细小的再结晶核心;图4.24(c)为580℃保温4s后再结晶晶粒长大吞食变形的基体,并有更多的再结晶晶粒形成;图4.24(d)为580℃保温8s后已经完全再结晶;图4.24(e)为580℃保温15 min后的晶粒长大,在晶粒中看到很多的退火孪晶;图4.24(f)为700℃保温10 min后的组织,其中显示有更大的晶粒,同样,在晶粒中有大量退火孪晶。

再结晶晶粒的形核机制主要有两种:一是晶界弓出形核,二是亚晶形核。其中亚晶形核又分为亚晶粒合并形核与亚晶粒长大形核两种方式。图4.25为三种再结晶形核方式的示意图。

2.再结晶温度及其影响因素

(1)再结晶温度

再结晶温度的确定,金属经过较大塑性变形(变形度在70%以上),在约1h的保温时间内能够使再结晶体积达到总体积95%的温度称为该金属的再结晶温度。测定再

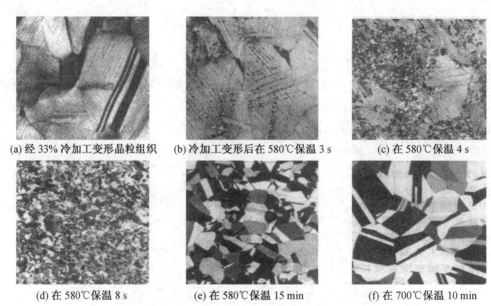

(a) 经 33% 冷加工变形晶粒组织　(b) 冷加工变形后在 580℃保温 3 s　(c) 在 580℃保温 4 s

(d) 在 580℃保温 8 s　　　　(e) 在 580℃保温 15 min　　　(f) 在 700℃保温 10 min

图 4.24　黄铜再结晶过程的显微组织照片 (×75)

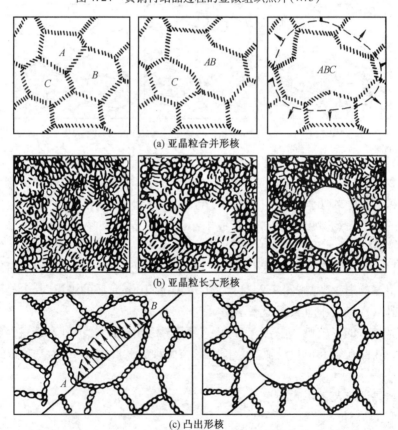

(a) 亚晶粒合并形核

(b) 亚晶粒长大形核

(c) 凸出形核

图 4.25　三种再结晶形核方式的示意图

结晶温度的方法有金相法、硬度法和 X 射线结构分析法等,最常用的方法是金相法和硬度法。

金相法就是在显微镜下在不同加热温度下的变形组织中,出现第一个新的等轴晶粒所对应的温度作为该金属的再结晶温度,如图 4.26 所示。硬度法是冷变形金属在退火过程中硬度突然下降时所对应的温度作为该金属的再结晶温度。对于工业的纯金属来说,经过大量的实验证实金属的再结晶温度 T_R 与金属的熔点 T_m(绝对温度值)之间存在以下经验公式

$$T_R \approx (0.35 \sim 0.45) T_m \tag{4.1}$$

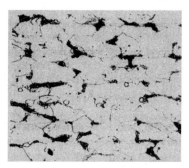

图 4.26 工业纯铁再结晶温度下的显微组织

(2) 再结晶的影响因素

① 温度的影响。再结晶过程的形核和长大都是热激活的过程,由原子扩散控制,再结晶的温度与时间的关系符合阿累尼乌斯方程

$$V_{再} = A e^{-Q/RT} \tag{4.2}$$

式中　　$V_{再}$—— 再结晶速度;

　　　　Q—— 再结晶激活能;

　　　　R—— 气体常数;

　　　　A—— 比例系数;

　　　　T—— 再结晶的绝对温度。

由于再结晶的速度与产生一定量的再结晶体积分数所需要的时间成反比,对上式两边取对数可得

$$\ln t = A' + Q/RT \tag{4.3}$$

式中　　A'—— 比例系数。

因此,加热温度越高,再结晶速度越快,产生一定量的再结晶所需要的时间也越短。

② 变形程度的影响。金属的冷变形程度越大,金属中储存能越多,再结晶的驱动力越大,故再结晶温度越低。图 4.27 是实测的铁和铝的开始再结晶温度与变形程度的关系曲线。从图中可以明显看出,变形越大,再结晶温度越低,但变形量增加到一定程度后,再结晶温度趋于稳定。

③ 原始晶粒尺寸。原始晶粒尺寸对再结晶温度的影响:原始晶粒越细小,变形抗力越大,储存能越多,再结晶的形核率越大,长大速度越大,再结晶温度越低。

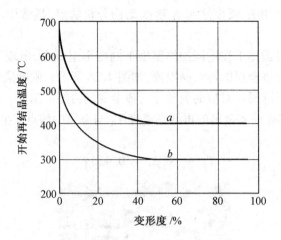

图 4.27　铁和铝的开始再结晶温度与冷变形程度的关系曲线

a—电解铁；b—铝（99%）

原始晶粒尺寸对再结晶后晶粒大小的影响：原始晶粒越细小，储存能越多，N/v 越大；原始晶粒越细小，点阵畸变区越多，再结晶的形核位置越多，造成再结晶后晶粒越细小，如图 4.28 所示。

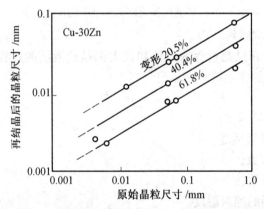

图 4.28　原始晶粒尺寸对再结晶后晶粒大小的影响

④杂质与微量溶质原子。金属中的杂质与微量溶质原子一般多倾向于偏聚在位错和晶界周围，由于它们之间的交互作用，对位错的滑移与攀移和晶界的迁移均产生一定的阻碍作用，故不利于再结晶的形核和核的长大，阻碍再结晶过程，并引起再结晶温度的提高。微量溶质元素对纯铜再结晶温度的影响见表 4.4。

表 4.4　微量溶质元素对纯铜形变 50% 再结晶温度的影响

纯铜+溶质元素	再结晶温度/℃	纯铜+溶质元素	再结晶温度/℃
纯铜	140	纯铜+0.01% Sn	315
纯铜+0.01% Ag	205	纯铜+0.01% Sb	320
纯铜+0.01% Cd	305	纯铜+0.01% Te	370

⑤再结晶退火工艺参数。加热速度、加热温度与保温时间等退火工艺参数,对变形金属的再结晶温度有着不同的影响。加热速率慢,加热时间长,储存能在回复阶段释放多,再结晶的驱动力降低,再结晶温度升高;加热速率过快,在各温度下停留时间过短,来不及形核与长大,再结晶温度升高。保温时间越长,再结晶温度越低;当变形量和退火保温时间一定时,退火温度越高,再结晶后的晶粒越粗大。保温时间对纯铝(99.9986%)再结晶温度的影响见表4.5。

表4.5 保温时间对纯铝(99.9986%)再结晶温度的影响

保温时间	5 s	1 min	6 h	40 h	14 d
再结晶温度/℃	150	100	60	49	25

4.3.3 晶粒长大

再结晶结束后,材料通常获得细小的等轴晶粒,若继续提高加热温度或延长保温时间,将引起晶粒的进一步长大。晶粒长大分为两种类型:正常长大与异常长大。

1. 晶粒的正常长大

再结晶刚刚完成得到细小的无畸变等轴晶粒,当升高温度或延长保温时间,晶粒仍可继续长大,若均匀地连续生长叫正常长大。正常长大方式是依靠界面移动"大吃小"、"凹吃凸",长大中界面向曲率中心方向移动,大晶粒吞食了小晶粒,直到晶界平直化。

2. 晶粒的异常长大

对有二次再结晶特征的金属,退火中发生不均匀长大,最后形成异常粗大的晶粒。异常晶粒长大又称不连续晶粒长大,是一种特殊的晶粒长大现象。发生这种晶粒长大时,基体中的少数几个晶粒迅速长大,成为特大晶粒,其他小晶粒逐渐被吞并,晶粒异常长大,如图4.29所示。

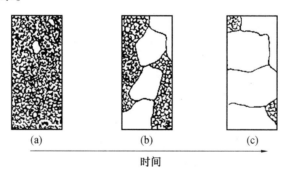

图4.29 晶粒异常长大过程示意图

图4.30为Mg-3Al-0.8Zn合金经变形加热到退火后的组织。其中,(c)图是在二次再结晶的初期阶段得到的结果,从图中可以看出大小十分悬殊的晶粒组织。

图4.31为高铁Fe-3%Si箔材于1 200 ℃真空中退火时所产生的二次再结晶现象照片。

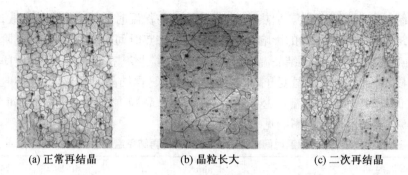

(a) 正常再结晶   (b) 晶粒长大   (c) 二次再结晶

图 4.30 Mg-3Al-0.8Zn 合金经变形加热到退火后的组织

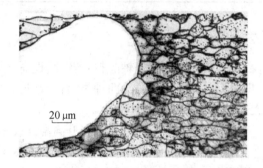

图 4.31 高铁 Fe-3%Si 箔材于 1 200 ℃真空中退火时所产生的二次再结晶现象

第5章 铁碳合金的平衡组织

碳钢和铸铁都是铁碳合金,是使用最广泛的金属材料。$Fe-Fe_3C$ 相图是研究碳钢和铸铁的重要工具,也是分析这些合金在平衡状态或接近平衡状态下显微组织的基础。其对钢铁材料的研究和使用,对各种热加工工艺的制订以及工艺废品产生原因的分析等都有很重要的意义。

根据 $Fe-Fe_3C$ 相图,碳质量分数小于 2.11% 的合金称为碳钢,碳质量分数大于 2.11% 的合金称为白口铸铁。具体的铁碳合金分类见表 5.1。虽然这些合金在室温下的组成相都是铁素体和渗碳体,但由于各相的形态、数量和分布不同,它们的显微组织有很大差异。图 5.1 给出了按组织分区的 $Fe-Fe_3C$ 相图。

表 5.1 铁碳合金分类

名称		碳质量分数/%
工业纯铁		<0.0218
钢	亚共析钢	0.0218 ~ 0.77
	共析钢	0.77
	过共析钢	0.77 ~ 2.11
白口铁	亚共晶白口铁	2.11 ~ 4.3
	共晶白口铁	4.3
	过共晶白口铁	4.3 ~ 6.69

铁碳合金中常见的基本组织形态分述如下:

铁素体——碳和合金元素溶解在 $\alpha-Fe$ 中形成的固溶体。在室温时溶碳量约为 0.008% 左右,光学显微镜下一般呈多边形颗粒,它的硬度低、塑性好。碳和合金元素在 $\delta-Fe$ 中形成的固溶体称为 δ 铁素体。

渗碳体——铁与碳形成的间隙化合物,碳质量分数为 6.69%,属于正交晶系。渗碳体具有很高的硬度,但塑性差,伸长率接近于零,低温下具有磁性,温度在 230℃ 以上磁性消失。

奥氏体——碳和合金元素溶解在 $\gamma-Fe$ 中形成的固溶体。光学显微镜下呈规则的多边形。塑性高,屈服极限较低,无磁性。在加热和冷却过程中所产生的热应力可能使马氏体发生范性形变。在奥氏体中有时还可以观察到孪晶及滑移线。

珠光体——铁素体和渗碳体形成的机械混合物。在高温缓冷条件下,可得到片层状组织,随着奥氏体过冷度增大片层逐渐变得细密,硬度也逐渐升高。珠光体的硬度较铁素体高,并有一定的塑性。

莱氏体——奥氏体与渗碳体的两相混合物,是共晶转变的产物。在常温下,由于共

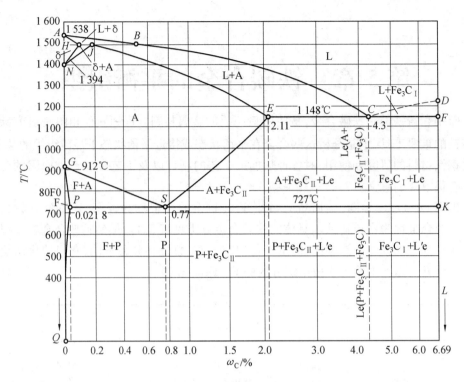

图 5.1　按组织分区的 Fe-Fe₃C 相图

晶奥氏体的转变,组织为共晶渗碳体的基体上均匀分布着珠光体小颗粒,称为低温莱氏体或变态莱氏体。它保留高温下共晶体的形态特征;莱氏体性质硬而脆。它一般存在于碳质量分数大于 2.11% 的生铁中,在某些高碳高合金钢的铸造组织中也会出现。

5.1　工业纯铁在退火状态下的显微组织

如前所述,碳质量分数低于 0.0218% 的铁碳合金称为工业纯铁。工业纯铁在碳质量分数小于 0.008% 时,其显微组织为单相铁素体,如图 5.2 所示。从图中可以看出组织为等轴多边形铁素体,有的晶粒呈暗色,这是由于不同晶粒受腐蚀的程度不同造成的。在碳质量分数大于 0.008% 时,工业纯铁的组织为铁素体和极少量的三次渗碳体。三次渗碳体由铁素体中析出,沿铁素体晶界呈片状分布,如图 5.3 所示。

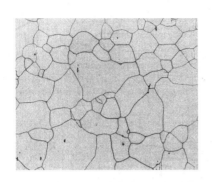

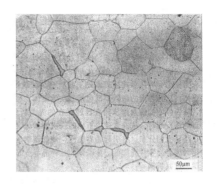

图 5.2   工业纯铁组织($w_c<0.008\%$)   图 5.3   工业纯铁组织($w_c>0.008\%$)

5.2   碳钢在退火状态下的显微组织

碳钢按碳质量分数的不同可分为共析钢、亚共析钢和过共析钢,其显微组织特征如下。

5.2.1   共析钢

碳质量分数为 0.77% 的铁碳合金称为共析钢。此合金由液态先结晶出 γ 固溶体(奥氏体),当冷却到 727℃ 通过共析反应转变为珠光体。珠光体中铁素体和渗碳体两相的相对含量可由杠杆定理算出,可求得铁素体与渗碳体的重量比约为 7.9∶1,因此铁素体片厚,渗碳体片薄。图 5.4 为光学显微镜下的珠光体组织。从图中可以看出,白色片状是铁素体,黑色薄片是渗碳体,这种黑白衬度是由于金相浸蚀剂(硝酸酒精溶液)对铁素体、渗碳体以及两相界面浸蚀的速度不同所致,渗碳体不易浸蚀而凸出,其两侧的相界面在光学显微镜下无法分辨而合为一条黑线,渗碳体因细薄而被黑线所掩盖。如果放大倍数更低,则渗碳体和铁素体片都无法分辨,整个珠光体组织呈暗黑色。

在足够高的放大倍数下观察珠光体组织时,由于铁素体和渗碳体对光的反射能力相近,因此在明视场照明条件下二者都是明亮的,并没有黑白之分,渗碳体的形态和层片宽度更清晰,只是相界呈暗灰色,如图 5.5 所示。

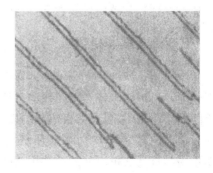

图 5.4   光学显微镜下的珠光体组织(500×)   图 5.5   经高倍放大后的珠光体组织(3200×)

5.2.2 亚共析钢

碳质量分数为 0.0218% ~0.77% 的铁碳合金称为亚共析钢,该合金的显微组织为先共析铁素体和珠光体。并且随着碳质量分数的增加,珠光体所占的比例不断增加,接近共析成分时,铁素体在珠光体周围呈网状分布。在显微镜下,当放大倍数不高时(400×),先共析铁素体呈白亮色,珠光体呈暗黑色,如图 5.6 所示。

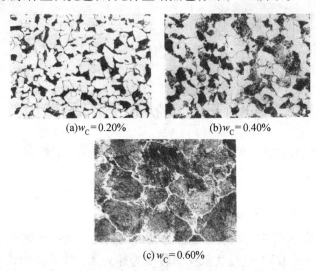

(a)w_C= 0.20%   (b)w_C= 0.40%

(c) w_C= 0.60%

图 5.6   亚共析钢的金相组织(400×)

由于铁素体和珠光体的比重相近,若忽略铁素体中的碳质量分数,则珠光体量可简略表示为

$$w_Z = \frac{w_C}{0.8} \times 100\% \tag{5.1}$$

即碳质量分数与珠光体量成正比,这样可以从珠光体的数量大致估计出亚共析钢的碳质量分数;反之,从碳质量分数可以推断平衡组织中应有的珠光体数量。但须注意,如果亚共析钢从奥氏体相区以较快的速率冷却下来,则因共析转变时过冷度增大,共析体碳质量分数偏低,故其显微组织中珠光体的含量就要比缓冷时增多,这时若仍用上述方法估算其碳质量分数,所得结果会偏高。

5.2.3 过共析钢

碳质量分数为 0.77% ~2.11% 的铁碳合金称为过共析钢,其组织为珠光体和二次渗碳体。二次渗碳体是钢在冷却时通过 Ac_m 线在奥氏体的晶界首先析出,并随着温度下降而不断增多,最后共析成分的奥氏体转变为珠光体,因此二次渗碳体呈网状包围着珠光体。图 5.7 为 T12 钢(碳质量分数约为 1.2%)退火后的显微组织。由于此时的组织不易与接近共析成分的亚共析钢区别,但是如果用煮沸的碱性苦味酸钠溶液腐蚀,则渗碳体被染成暗黑色,而铁素体仍为白亮色,如图 5.8 所示。用这种腐蚀剂可以将接近共析成分的过共析钢与亚共析钢区分开。对于过共析钢而言,随着碳质量分数的增加,二次渗碳体的量会增加,网状也略有加宽。

图5.7 T12钢的显微组织(4%硝酸酒精 　　　　图5.8 T12钢的显微组织(碱性苦味酸钠
　　　　溶液腐蚀)(400×)　　　　　　　　　　　　　溶液腐蚀)(400×)

5.3　白口铸铁的显微组织

白口铸铁是指化学成分中的碳以碳化物的形式存在,铸态组织不含石墨,断口呈白色的铸铁。由于凝固组织中含有大量的碳化物,性能硬而脆,难以机械加工。因硬度高而耐磨,在抗磨零件上得到广泛应用。白口铸铁按其碳质量分数不同可分为共晶白口铸铁、亚共晶白口铸铁、过共晶白口铸铁三类。

5.3.1　共晶白口铸铁

碳质量分数为4.3%的白口铸铁称为共晶白口铸铁。当液态合金冷却到1148℃时,在恒温下发生共晶转变,形成莱氏体,所以说这种铸铁的显微组织为共晶转变的产物。莱氏体在刚形成时由细小的奥氏体与渗碳体两相混合物组成。继续冷却时,奥氏体将不断析出二次渗碳体,但由于它依附在共晶渗碳体上析出并长大而难以分辨。当冷却到727℃时,奥氏体的碳质量分数为0.77%,此时在该温度下发生共析转变而形成珠光体。最后室温下得到的组织是室温莱氏体,称为变态莱氏体用L'_d表示,它保持原莱氏体的形态,只是共晶奥氏体已转变为珠光体,其显微组织如图5.9所示。该图中黑色的细小颗粒或条状组织为珠光体,白亮的基体为渗碳体。同时从图中也可以看出,虽然共晶白口铸铁凝固后还要经历一系列的固态转变,但是它的显微组织仍具有典型的共晶体特征。

5.3.2　亚共晶白口铸铁

碳质量分数为2.11%~4.3%的白口铸铁称为亚共晶白口铸铁。在刚凝固后其组织为先共晶奥氏体和莱氏体,在随后的冷却过程中,先共晶奥氏体和共晶转变得到的奥氏体都会析出二次渗碳体,最后再转变为珠光体。图5.10为亚共晶白口铸铁的显微组织,其中树枝状的大块黑色组成体是由先共晶奥氏体转变成为珠光体,其余部分为变态莱氏体。由先共晶奥氏体中析出的二次渗碳体依附在共晶渗碳体上而难以分辨。

图5.9　共晶白口铸铁的显微组织(100×)　　　图5.10　亚共晶白口铸铁的显微组织(100×)

5.3.3　过共晶白口铸铁

碳质量分数为4.3% ~6.69%的白口铸铁称为过共晶白口铸铁。液态合金在冷却过程中首先析出粗大的一次渗碳体,它不是以树枝状方式生长,而是以条状形态生长,其余的转变同共晶白口铸铁的转变过程相同。过共晶白口铸铁的室温组织为一次渗碳体和变态莱氏体,如图5.11所示,图中白色长条状(空间为片状)为一次渗碳体,其余为莱氏体。

图5.11　过共晶白口铸铁的显微组织(400×)

第6章 工业用铸铁的显微组织及碳钢中常见的显微组织缺陷

铸铁是工业上广泛应用的一种铸造金属材料,它是 $w_C > 2.11\%$ 的铁碳合金。实际上,工业上所使用的铸铁并不是简单的 Fe-C 二元合金,而是以 Fe-C-Si 为主要元素的多元铁基合金。此外还含有 Mn、P、S 等化学元素和一些杂质。主要成分如下, $w_C = 2.0\% \sim 4.0\%$ 、$w_{Si} = 0.6\% \sim 3.0\%$ 、$w_{Mn} = 0.2\% \sim 1.2\%$ 、$w_P = 0.1\% \sim 0.2\%$ 、$w_S = 0.08 \sim 0.15\%$ 。根据碳在铸铁中所处状态的不同,铸铁可分为白口铸铁和含石墨铸铁。碳全部以碳化物形式存在,且断口呈银白色的铸铁称为白口铸铁(见第 5 章);碳以部分或全部以石墨的形式存在,由此形成的铸铁称为含石墨铸铁。

铸铁中石墨的结晶过程叫做石墨化过程。无论是铸铁的基体组织,还是游离态石墨,它们的形成都与铸铁的石墨化过程有关。所以说铸铁组织形成的基本过程就是石墨化形成的过程。

铸铁的石墨化可分为三个阶段,即第一阶段、中间阶段和第二阶段。第一阶段是共晶反应阶段,此时从液相中直接结晶出一次石墨,或者由一次渗碳体和共晶组织中的渗碳体在此温度下退火分解为石墨和奥氏体;中间阶段为从共晶转变到共析转变,此时由奥氏体中直接析出二次石墨,或者二次渗碳体在此温度范围内退火分解成石墨和奥氏体;第二阶段是共析反应阶段,即在共析转变中奥氏体直接转变为石墨和铁素体,或者由共析组织中的渗碳体退火时分解为石墨和铁素体。当灰口铸铁石墨化过程不同时,它的基体也就不同。三个阶段都得以完全进行的为铁素体基体;第二阶段进行不完全得到铁素体和珠光体基体;第二阶段未进行的为珠光体基体。

按组织、性能、用途的不同,又把工业铸铁分为普通灰口铸铁、球墨铸铁、可锻铸铁和特殊铸铁。前三类主要按石墨的形态分类,而后一种则按用途分类。

铸铁的组织在很大程度上决定了铸铁的性能。显微组织分析则是评定铸铁内在质量的重要手段,同时有助于工艺人员分析工艺处理和检验工艺的执行情况,对进一步改进和提高铸件质量有相当重要的作用。

6.1 灰铸铁

灰铸铁是应用最广的一种铸铁,工业上应用的灰铸铁大多属于亚共晶铸铁,其主要成分为: $w_C = 2.5\% \sim 3.6\%$ 、$w_{Si} = 1.1\% \sim 2.5\%$ 、$w_{Mn} = 0.6\% \sim 1.2\%$ 、$w_P \leqslant 0.3\%$ 、$w_S \leqslant 0.15\%$ 。灰铸铁的特征是组织由片状石墨和金属基体组成,并且断口呈暗灰色。根据石墨化进行的程度,可以分别得到铁素体、铁素体-珠光体和珠光体三种不同基体组织的灰铸铁,其显微组织如图6.1所示。铁素体灰铸铁用于制造盖、外罩、手轮、支架等低载荷、不重要的零件。铁素体-珠光体灰铸铁用来制造支柱、底座。齿轮箱、工作台等承受中等载荷的零件,使用最多的是灰铸铁。珠光体灰铸铁可以制造汽缸套、活塞、齿轮、床身、轴承座、联轴器等承受较大负荷和较重要的零件。

(a) 铁素体基体

(b) 铁素体 + 珠光体基体

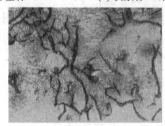
(c) 珠光体基体

图6.1 灰铸铁的显微组织(200×)

原灰铸铁的金相分析是按照 GB/T7216—1987《灰铸铁金相标准》的规定进行的,现根据最新的 GB/T 7216—2009《灰铸铁金相检验》的规定,对灰铸铁中石墨的形状及长度、碳化物的数量、珠光体的数量、磷共晶的数量以及共晶团的数量进行介绍。

6.1.1 灰铸铁的石墨形状

灰铸铁中的石墨都是片状的,但形状各异。国家标准将灰铸铁中的石墨形状分为6种,如图6.2所示。

1. A 型石墨

A 型石墨具有均匀分布的片层石墨,在共晶温度范围内由铁水同时结晶出石墨和奥氏体。接近共晶的成分和不大的过冷度是生成 A 型石墨的先决条件,这种石墨是灰铸铁中常见的一种石墨类型。

2. B 型石墨

B 型石墨常出现在碳、硅含量较高,过冷度较大、近于共晶成分的亚共晶铸件中。由于过冷度较大,起初细小共晶石墨生长较快,呈辐射状,随后因结晶潜热放出而变慢,结果形成菊花状。由于石墨聚集分布,使铸铁强度有所降低。

3. C 型石墨

C 型石墨出现在过共晶铸铁过冷度小的场合,如厚大铸件中。它是由初晶石墨与共晶石墨组成。先结晶出的初生石墨片形粗大,往往相互接触,使铸件机械性能显著恶化。

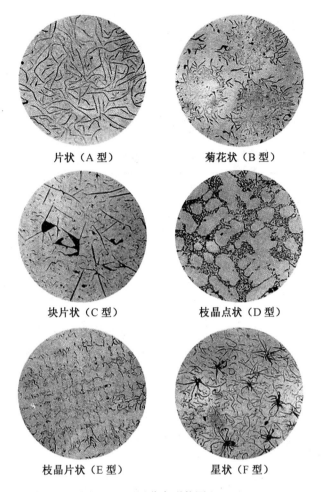

片状（A型）　　　　　菊花状（B型）

块片状（C型）　　　　枝晶点状（D型）

枝晶片状（E型）　　　　星状（F型）

图6.2　石墨分布形状图(100×)

4. D型石墨

铁水过冷度过大时，结晶时将得到无向性枝晶状分布的D型石墨。这种石墨的特点是很细小，通常呈聚集分布，一般来说只有在放大倍数较高时，才能看到它们具有片状的形态。

5. E型石墨

当铁水的过冷度更大时，就会产生方向性排列的枝晶状石墨。由于冷却速度很大，铁水在结晶时析出的初生奥氏体易垂直于型壁生长，此时夹在其中的铁水在共晶反应时，片状石墨也只能在呈方向性的初生奥氏体之间析出，故亦呈方向性排列。

6. F型石墨

F型石墨呈星形分布，是高碳铁水在较大过冷度的条件下形成的。一般是在电炉熔炼的薄壁铸件(如电炉浇注的单体活塞环)中见到，具有这种石墨形态的活塞环，其使用性能较好。

6.1.2　灰铸铁的石墨长度

在灰铸铁中,石墨片长度对铸件的力学性能有很大的影响。石墨过分粗长且数量越多,则铸铁的强度、塑性与韧性就越低。石墨过分细小且数量少,反而使存油率低,润滑条件差,不利于铸件的耐磨性,所以对石墨长度的评定是比较重要的。

根据灰铸铁金相检验的规定,将石墨大小分成8级,见表6.1,相应的显微组织如图6.3所示。

表6.1　石墨长度分级

级别	在100×下观察石墨长度/mm	实际石墨长度/mm
1	≥100	≥1
2	>50 ~ 100	>0.5 ~ 1
3	>25 ~ 50	>0.25 ~ 0.5
4	>12 ~ 25	>0.12 ~ 0.25
5	>6 ~ 12	>0.06 ~ 0.12
6	>3 ~ 6	>0.03 ~ 0.06
7	>1.5 ~ 3	>0.015 ~ 0.03
8	≤1.5	≤0.015

1. 珠光体的数量

珠光体数量是指珠光体和铁素体的相对含量。在灰铸铁中,珠光体数量越多,铸铁的强度、硬度和耐磨性越高。

国家标准根据珠光体数量对灰铸铁力学性能的影响规律,将珠光体数量分为8级,见表6.2。

表6.2　珠光体数量

级别	1	2	3	4	5	6	7	8
名称	珠98	珠95	珠90	珠80	珠70	珠60	珠50	珠40
数量/%	≥98	<98 ~ 95	<95 ~ 85	<85 ~ 75	<75 ~ 65	<65 ~ 55	<55 ~ 45	<45

2. 碳化物的数量

铸铁在结晶时,如果铁水按 $Fe-Fe_3C$ 亚稳定系相图结晶,则得到碳化物。生产中的大多数普通灰铸铁件碳化物含量均较少,但在合金铸铁和耐磨铸铁中会出现较多碳化物。而对于灰铸铁中碳化物数量评级的意义,并不在于考查铸铁中残留的碳化物的多少。评定碳化物数量的真正意义在于针对某些耐磨铸铁,有些在润滑条件下的耐磨铸铁需要制造出含有一定数量碳化物,例如内燃机的汽缸套,机床行业的机床导轨,轴承行业中的光球板等铸件,均要求含有一定数量的碳化物,用于提高耐磨性。国家标准将碳化物的数量分为6级,见表6.3。

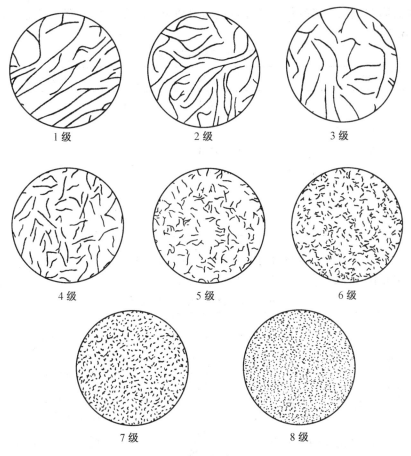

图 6.3 石墨长度(100×)

表 6.3 碳化物数量

级别	名称	碳化物数量/%
1	碳 1	≈1
2	碳 3	≈3
3	碳 5	≈5
4	碳 10	≈10
5	碳 15	≈15
6	碳 20	≈20

3. 磷共晶的数量

磷在铸铁中的固溶度较低,并且磷的区域偏析倾向大,以及碳及其他元素对磷的排斥作用,所以在铸铁基体中常形成磷共晶。磷共晶有二元磷共晶、三元磷共晶、二元复合磷共晶与三元复合磷共晶等。一般来说,磷共晶数量随铸铁含磷量的增加而增多。当含磷量较大时,容易产生枝晶偏析。但对于一些耐磨材料来说,含磷量应较高,所以铸铁中所含磷共晶数量必须按具体零件进行具体分析。国家标准将磷共晶数量分为6级,见表6.4。

表6.4 磷共晶数量

级别	名称	磷共晶数量/%
1	磷1	≈1
2	磷2	≈2
3	磷4	≈4
4	磷6	≈6
5	磷8	≈8
6	磷10	≈10

在金相检验中,为了鉴别碳化物和磷共晶,可以采用染色法。常用染色剂的配方、染色方法和碳化物、磷共晶的着色情况见表6.5。

表6.5 常用染色剂及染色效果

编号	成分	浸蚀温度/℃	浸蚀时间/min	染色效果
1~1	20 mL 硝酸,75 mL 乙醇	室温	1~3	基体呈黑色,磷共晶不浸蚀
1~2	20 mL 硝酸,80 mL 水	室温	1~3	
2	25 g 氢氧化钠,2 g 苦味酸,75 mL 水	煮沸	2~5	渗碳体呈棕色,磷化铁呈黑色
3	10 g 氢氧化钠,10 g 赤血盐,100 mL 水	50~60	1~3	渗碳体不染色,磷化铁呈浅黄色或黄褐色
4	5 g 高锰酸钾,5 g 氢氧化钠,100 mL 水	40	2	渗碳体不染色,磷化铁呈棕色

4. 共晶团的数量

灰铸铁在共晶转变时,共晶成分的铁水形成石墨(呈分枝状的立体石墨簇)和奥氏体所组成的团,称为共晶团。由于共晶团边界上常富集一些夹杂物和偏析物以及某些低熔点共晶体,所以共晶团的大小和数量必然对铸铁的性能有影响。通常,在单位面积上共晶团个数越多,铸铁的强度越高,反之,强度下降,因此灰铸铁共晶团的检验显得尤为重要。根据国家标准,抛光态试样用氯化铜1 g,氯化镁4 g,盐酸2 mL,酒精100 mL的溶液或硫酸铜4g,盐酸2 mL,水20 mL的溶液浸蚀检验共晶团数量,根据选择的放大倍数对照标准评级图按照 A、B 两组评定,放大倍数为10倍或50倍。共晶团数量共分为8级,见表6.6。

表 6.6 共晶团数量

级别	共晶团数量/个		单位面积中实际共晶团数量/（个/cm²）
	直径 φ70 mm 图片 放大 10 倍	直径 φ87.5 mm 图片 放大 50 倍	
1	>400	>25	>1040
2	≈400	≈25	≈1040
3	≈300	≈19	≈780
4	≈200	≈13	≈520
5	≈150	≈9	≈390
6	≈100	≈6	≈260
7	≈50	≈3	≈130
8	<50	<3	<130

6.2 球墨铸铁

球墨铸铁是一种铸态下呈现球状石墨的铸铁,简称球墨铸铁。成分范围一般为: $w_C = 3.5\% \sim 3.9\%$ 、 $w_{Si} = 2.0\% \sim 2.6\%$ 、 $w_{Mn} = 0.6\% \sim 1.0\%$ 、 $w_P < 0.1\%$ 、 $w_S < 0.06\%$,残余 $w_{Mg} = 0.03\% \sim 0.06\%$ 、 $w_{Re} = 0.02\% \sim 0.06\%$ 。与片状石墨相对比,石墨呈球状的铸铁因对基体的削弱和造成应力集中的程度都较小,使铸铁具有高强度的同时仍保持良好的塑性和韧性。因此,球墨铸铁是非常重要的铸造金属材料,目前已成功地应用于制造一些复杂的和强度、韧性、耐磨性要求较高的零件中,如汽车、拖拉机的曲轴等。为了充分挖掘其性能方面的潜力,对球墨铸铁的石墨和基体组织的分析显得尤为重要。

球墨铸铁的性能与其组织紧密相关,影响性能的组织因素主要有:石墨球的形态、大小、数量和分布,基体组织(铁素体、珠光体、马氏体和贝氏体等)的数量、大小、形态和分布,脆性相(碳化物与磷共晶)的数量、大小、形态和分布。

原球墨铸铁的金相分析是按照 GB/T 9441—1988《球墨铸铁金相检验》的规定进行的,现根据最新的 GB/T 9441—2009《球墨铸铁金相检验》的规定,对球墨铸铁中各个因素的金相分析进行论述。

6.2.1 球状石墨的形态及结晶构造

1. 球状石墨的形态

所谓石墨的形态是指单颗石墨的形状。图 6.4 为球状石墨在光学显微镜下的照片,可以看出石墨呈球状。在偏振光照射下,整个石墨球被一些辐射状的条纹分割成多个扇形,显示出石墨球的多晶体特征,如图 6.5 所示。

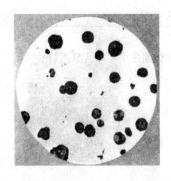

图 6.4　球墨铸铁中石墨的形态及分布(100×)　　图 6.5　偏振光下的球状石墨组织(500×)

　　由于石墨的形态受铸铁的化学成分、熔炼工艺、球化处理、孕育处理和球化元素的影响,特别是稀土元素的加入将会改变石墨的形态。石墨除呈球状外,还有可能出现团状、开花状、蟹状、枝晶状等不同形态,具体形态的扫描电镜照片,如图 6.6 所示。

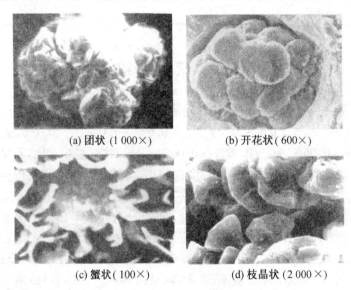

(a) 团状 (1 000×)　　　(b) 开花状 (600×)

(c) 蟹状 (100×)　　　(d) 枝晶状 (2 000×)

图 6.6　石墨的几种形态

2.石墨的结晶构造

　　图 6.7 为球状石墨的结晶结构,石墨沿 C 轴生长,呈放射状排列,轴与轴之间有一定角度、有时呈连续变化的方式排列,实际情况是两者混合出现。图 6.8 为用电子显微镜摄得的单个球状石墨断口的照片。

　　石墨的球化过程包括石墨的生核和长大两个过程。用微区分析球墨中心结晶核心的化学成分,结果表明,球墨中心处含有很高浓度的镁、硅、稀土元素和硫的化合物,这说明球墨的生核是非自发生核。一些研究还表明,氧化物和硫化物都可以构成球墨的核心。

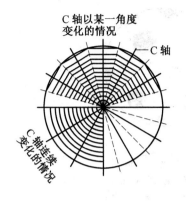

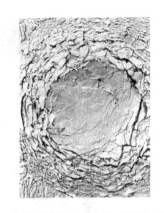

图 6.7　球状石墨结晶构造　　　　图 6.8　球状石墨断口的电子显微照片(3 000×)

6.2.2　球墨铸铁中的石墨大小及球化分级

1. 石墨大小

实践证明,球墨铸铁中的球状石墨大小也会影响球墨铸铁的力学性能。球墨越小,性能越好,反之球墨越大,性能越差。因此,均匀、圆整、细小的石墨可以使球墨铸铁具有较佳的性能指标。按照 GB/T 9441—2009《球墨铸铁金相检验》标准的规定,将石墨大小分成 6 级,见表 6.7,相应的显微组织如图 6.9 所示。

表 6.7　石墨大小分级

级别	在 100× 下观察,石墨长度/mm	实际石墨长度/mm
3	>25 ~ 50	>0.25 ~ 0.5
4	>12 ~ 25	>0.12 ~ 0.25
5	>6 ~ 12	>0.06 ~ 0.12
6	>3 ~ 6	>0.03 ~ 0.06
7	>1.5 ~ 3	>0.015 ~ 0.03
8	≤1.5	≤0.015

注:石墨大小在 6 级 ~8 级时,可使用 200×或 500×放大镜观察。

2. 球化分级

在球墨铸铁的金相分析中,通常所见到的石墨形态很少以单一的形式存在,而是几种形态共存。在这种情况下,评定球墨的球化质量需用球化率来定义。所谓球化率,是指在规定的视场内,所有石墨球化程度的综合指标,它反映该视场内所有石墨接近球状的程度。一般来说,球墨铸铁的力学性能很大程度上取决于球化率。在其他条件相同的情况下,球化率越高,力学性能越好。

关于球化率的评定,可根据 GB/T 9441—2009《球墨铸铁金相检验》计算球化率。该标准具体将球墨铸铁球化分为 6 级,见表 6.8。

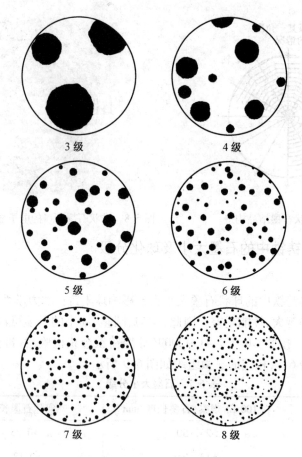

图 6.9　石墨大小分级图(100×)

表 6.8　球化分级

球化分级	球化率	球化分级	球化率
1 级	≥95%	4 级	70%
2 级	90%	5 级	60%
3 级	80%	6 级	50%

6.2.3　珠光体数量

前面已经讲过,珠光体数量就是指珠光体和铁素体的相对含量。对于高强度球墨铸铁,应确保高的珠光体数量;而对于高韧性球墨铸铁,则应确保高的铁素体数量。按照珠光体数量对球墨铸铁力学性能的影响规律,国家标准将珠光体数量分为 8 级,见表6.9。

表 6.9　珠光体数量分级

级别名称	珠光体数量/%	级别名称	珠光体数量/%
珠 95	>90	珠 35	>30~40
珠 85	>80~90	珠 25	≈25
珠 75	>70~80	珠 20	≈20
珠 65	>60~70	珠 15	≈15
珠 55	>50~60	珠 10	≈10
珠 45	>40~50	珠 5	≈5

6.2.4　分布分散的铁素体数量

采用不同的热处理工艺,在球墨铸铁中可以获得呈块状分散分布的铁素体和呈网状分散分布的铁素体,即铁素体呈分散的块状和铁素体呈分散分布的网状,相应的显微组织分别如图 6.10、6.11 所示。一般情况下,分散分布的铁素体数量较少。为了便于检验,国家标准按块状和网状两个系列,各分为 6 级,见表 6.10 所示。

 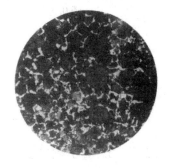

图 6.10　块状铁素体(100×)　　　　　　　图 6.11　网状铁素体(100×)

表 6.10　分散分布的铁素体数量分级

级别名称	块状或网状铁素体数量/%	级别名称	块状或网状铁素体数量/%
铁 5	≈5	铁 20	≈20
铁 10	≈10	铁 25	≈25
铁 15	≈15	铁 30	≈30

6.2.5　碳化物数量

球墨铸铁结晶后,往往在组织中存在少量的碳化物。它的存在显著降低球墨铸铁的塑性和韧性,并恶化加工性能,所以应严格控制碳化物的含量,尤其对于某些高韧性球墨铸铁而言。国家标准将碳化物分为 5 级,见表 6.11。

表 6.11　碳化物数量分级图

级别名称	碳化物数量/%
碳 1	≈1
碳 2	≈2
碳 3	≈3
碳 5	≈5
碳 10	≈10

6.2.6　磷共晶数量

球墨铸铁中的磷共晶多为由奥氏体、磷化铁和渗碳体所组成的三元磷共晶。由于磷共晶显著降低冲击韧性,所以球墨铸铁中磷共晶的体积分数控制在 2% 以下。国家标准将磷共晶数量分为 5 级,见表 6.12。

表 6.12　磷共晶数量分级

级别名称	磷共晶数量/%
磷 0.5	≈0.5
磷 1	≈1
磷 1.5	≈1.5
磷 2	≈2
磷 3	≈2.5

6.2.7　球墨铸铁的组织分类

球墨铸铁按不同的基体组织分类,主要有以下几种:

1. 珠光体球墨铸铁

生产上通常采用正火处理来使球墨铸铁获得珠光体基体。当向铁水中加入适量的某些合金元素或采用其他工艺措施,则在铸态时也可获得珠光体基体,属于珠光体球墨铸铁的牌号有 QT60-2、QT70-2、QT80-2 三种。

2. 铁素体球墨铸铁

这是一种具有高韧性的球墨铸铁,属于铁素体球墨铸铁的有两个牌号:QT40-17 和 QT42-10。这类球墨铸铁主要用于制造汽车底盘等零件。QT40-17 要用石墨化退火来获得,QT42-10 为铸态铁素体球墨铸铁,它是通过采用适当的化学成分及有效的孕育处理工艺获得的。

3. 珠光体-铁素体球墨铸铁

在这类球墨铸铁中,珠光体与铁素体各占一定的比例,主要用于要求以强度为主、延伸率、综合性能比较好的铸件,如锻模等即采用 QT50-5 牌号的球墨铸铁来制造。

图 6.12 为这三种基体组织球墨铸铁的显微组织。

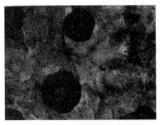
(a) 珠光体基体

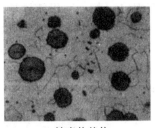
(b) 铁素体基体

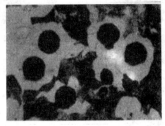
(c) 铁素体-珠光体基体

图 6.12 球墨铸铁的显微组织(250×)

此外,球墨铸铁的等温淬火能提高材料的综合力学性能,在获得高强度或超高强度的同时,具有较好的塑性和韧性,因此得到广泛的应用。球墨铸铁等温淬火一般加热温度为 880~900℃,保温时间为 30~90 min。球墨铸铁的等温淬火金相组织显微分析,可按照"稀土镁球墨铸铁等温淬火金相标准"进行,具体检验项目分为组织形态、贝氏体分级、白口数量分级和铁素体数量分级等。

6.3 可锻铸铁

可锻铸铁是由白口铸铁通过高温石墨化退火或氧化脱碳热处理,获得的具有较高韧性的铸铁。其化学成分为:$w_C = 2.4\% \sim 2.7\%$、$w_{Si} = 1.4\% \sim 1.8\%$、$w_{Mn} = 0.5\% \sim 0.7\%$、$w_P < 0.08\%$、$w_S < 0.25\%$、$w_{Cr} < 0.06\%$。由于铸铁中的石墨呈团絮状分布,故大大减轻了石墨对基体的割裂作用。与灰口铸铁相比,可锻铸铁具有较高的强度、一定的塑性和韧性。可锻铸铁又称为展性铸铁或玛钢,但实际上可锻铸铁并不能锻造,而是大量用于生产形状复杂的薄壁铸件。

6.3.1 可锻铸铁的分类

可锻铸铁根据化学成分、热处理工艺、性能及组织不同分为白心可锻铸铁、铁素体可锻铸铁和珠光体可锻铸铁三类。

1. 白心可锻铸铁(脱碳可锻铸铁)

白心可锻铸铁的全部铁素体或铁素体加珠光体组织(心部可能尚有渗碳体或石墨),是由白口铸铁毛坯经高温氧化脱碳后获得的,其显微组织如图 6.13 所示。由于生产工艺较复杂,退火周期长,性能和黑心可锻铸铁差不多,故应用较少。

2. 铁素体可锻铸铁(黑心可锻铸铁)

这种铸铁是利用白口铸铁经过高温和低温两个阶段的石墨化退火,在高温和共析转变温度附近长时间退火,使其中的一次渗碳体、二次渗碳体和共析渗碳体逐渐分解而得到铁素体基+团絮状石墨的组织。其断口心部由于铁素体基体上分布大量石墨而呈墨绒色,表层因退火时脱碳而呈灰白色,故有"黑心可锻铸铁"之称,显微组织如图6.14所示。

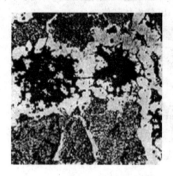 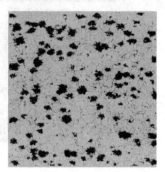

图6.13　白心可锻铸铁显微组织(400×)　　　图6.14　铁素体可锻铸铁显微组织(125×)

3. 珠光体可锻铸铁

白口铸铁在退火过程中完成第一阶段石墨化和析出二次石墨后,以较快速度冷却通过共析转变温度,使共析渗碳体不发生分解,则得到珠光体+团絮状石墨组织,即为珠光体可锻铸铁,如图6.15所示。

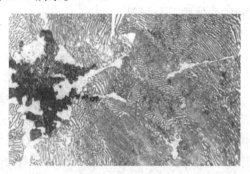

图6.15　珠光体可锻铸铁显微组织(500×)

6.3.2　可锻铸铁的热处理

可锻铸铁的显微组织取决于热处理工艺,图6.16为可锻铸铁热处理工艺曲线。如将白口铸铁在中性介质中加热到950~1 000 ℃,并长时间保温,珠光体转变为奥氏体,渗碳体在此温度下完全分解,此为石墨化第一阶段,随后以较快的速度(100 ℃/h)冷却并通过共析转变温度,使共析渗碳体不发生石墨化分解,则得到珠光体基体的可锻铸铁。

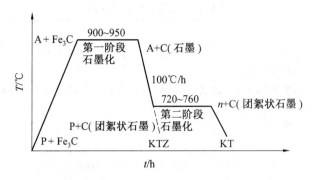

图 6.16 可锻铸铁退化工艺曲线

6.3.3 黑心可锻铸铁的金相显微分析

在可锻铸铁中,我国应用最多的是黑心可锻铸铁,通常所说的黑心可锻铸铁即铁素体可锻铸铁,按照 JB2122—77《铁素体可锻铸铁金相标准》对黑心可锻铸铁的金相组织进行分析。

1. 黑心可锻铸铁的石墨形状及分级

(1)石墨形状

黑心可锻铸铁中常见的石墨形状为团絮状、絮状、团球状、聚虫状以及枝晶状,具体的石墨形状说明见表 6.13。

表 6.13 石墨形状说明

名称	说明
团球状	石墨较致密,外形近似圆形,周界凸凹
团絮状	类似棉絮团,外形较不规则
絮状	较团絮状石墨松散
聚虫状	石墨松散,类似蠕虫状石墨聚集而成
枝晶状	由颇多细小的短片状、点状石墨聚集呈树枝状分布

(2)石墨形状分级

在可锻铸铁中石墨通常不以单一形状出现,鉴于石墨形状对机械性能的影响将其分为 5 级,见表 6.14。

表 6.14 石墨形状分级说明

级别	说明
1 级	石墨大部分呈团球状,允许有不大于 15% 的团絮状等石墨存在,但不允许有枝晶状石墨
2 级	石墨大部分呈团球状、团絮状,允许有不大于 15% 的絮状等石墨存在,但不允许有枝晶状石墨
3 级	石墨大部分呈团絮状、絮状,允许有不大于 15% 的聚虫状及小于试样横截面积 1% 的枝晶状石墨存在
4 级	聚虫状石墨大于 15%,枝晶状石墨小于试样横截面积的 1%
5 级	枝晶状石墨大于或等于试样横截面积的 1%

2. 黑心可锻铸铁中的石墨分布及颗数

（1）石墨分布

按照国家标准将石墨分布均匀与否对机械性能的影响分为 3 级,见表 6.15。

表 6.15 石墨分布说明

级别	说明
1 级	石墨分布均匀或较均匀
2 级	石墨分布不均匀,但无方向性
3 级	石墨有方向性分布

（2）石墨颗数

单位面积内的石墨数称为石墨颗数,以颗/mm^2 计。它也是衡量石墨化程度的一个重要指标,按照标准将石墨颗数分为 5 级,见表 6.16。

表 6.16 石墨颗数分级

级别	石墨颗数（颗/mm^2）
1 级	>150
2 级	>11 ~ 150
3 级	>70 ~ 110
4 级	>30 ~ 70
5 级	≤30

6.3.4 黑心可锻铸铁的基体组织及检验

为了保证可锻铸铁高的塑性和韧性,其基体组织应为铁素体。在生产过程中由于某些工艺因素的影响,可能会出现其他组织。

对黑心可锻铸铁基体组织的检验,主要是对珠光体和渗碳体的残余量及表皮层厚度的检验。

（1）珠光体残余量

珠光体残余是由于第二阶段石墨化退火不充分造成的,它的存在虽可提高强度,但却显著降低延伸率,因此对珠光体的残余量应加以控制。国家标准将珠光体残余量分为5级,见表6.17。

表 6.17　珠光体残余量分级

级别	珠光体残余量/%
1 级	≤10
2 级	>10 ~ 20
3 级	>20 ~ 30
4 级	>30 ~ 40
5 级	>40

（2）渗碳体残余量

渗碳体残余是由于第一阶段石墨化退火不充分所致,它的存在明显影响铸件的塑性和韧性,所以对渗碳体的残余量也应加以控制。国家标准将渗碳体残余量体积分数分为小于2%和大于2%两级。

（3）表皮层厚度

从试样外缘至含有珠光体层结束处的厚度,称为表皮层。当表皮层不含有珠光体时,则至无石墨的全部铁素体层结束处为止,以 mm 计。表皮层的形成是由于铸件在第一阶段石墨化退火温度过高,使铸件表皮奥氏体强烈脱碳引起的。国家标准将表皮层厚度分为4级,见表6.18。

表 6.18　表皮层厚度分级

级别	表皮层厚度/mm
1 级	≤1.0
2 级	>1.0 ~ 1.5
3 级	>1.5 ~ 2.0
4 级	>2.0

此外,磷共晶的存在对可锻铸铁的性能也有不利的影响,因此,在可锻铸铁中一般不允许出现磷共晶体。

6.4　特殊铸铁

为了进一步提高铸铁的耐磨性、耐蚀性以及耐热性等特殊性能,通常在普通铸铁中加入某些合金元素,如磷、铜、钼、铬、锰、铝、钛、硅、硼、钨和稀土等以获得所需要的特殊性能的铸铁称为特殊铸铁。下面简略分析这类铸铁的特点。

6.4.1 耐磨铸铁

耐磨铸铁分为减磨铸铁和抗磨铸铁两类,前者在有润滑、受粘着磨损条件下工作,例如机床导轨、发动机缸套、轴承等;后者在干摩擦的磨料磨粒磨损条件下工作,例如轧辊、磨球等。

(1)减磨铸铁

减磨铸铁的组织通常是在软基体上牢固地嵌有坚硬的强化相,因此可选用一般珠光体基体的灰铸铁(包括普通灰铸铁、球墨铸铁等),其基体珠光体可看作是在软基底(铁素体)上牢固地嵌有坚硬的组成相(渗碳体)。工作时,当铁素体磨损后,形成沟槽能贮油,有利于润滑,可以降低磨损。而渗碳体很硬,可承受摩擦。灰铸铁的组织形态对耐磨性的影响:石墨以中等大小,均匀分布在基体上的铸铁其耐磨性较好;基体珠光体的片层间距越细,其耐磨性也越好。

在灰铸铁基础上加入质量分数为 0.6% ~ 0.7% 的 P 即形成高磷铸铁,铸态金相组织如图 6.17 所示。其中大块网状三元磷共晶分布在细片状珠光体基体上,黑色条状为石墨。由于凸出的硬化相(磷共晶)成为支撑载荷的滑动面,软的基体(珠光体和石墨)形成凹面,储存润滑油,减少摩擦,从而提高耐磨性。

利用我国钒、钛资源加入一定量稀土硅铁,处理可得到高强度稀土钒钛铸铁。因为钒、钛是强碳化物形成元素,能形成稳定的高硬度强化相质点,并能显著细化片状石墨和珠光体基体。此外,在铸铁中加入 0.02% ~ 0.2% 的硼元素,形成珠光体+石墨+硼化物的硼铸铁,可显著提高铸铁的耐磨性,其铸态显微组织如图 6.18 所示。其中除片状石墨外,基体为片状珠光体,白色块状为含硼复合磷共晶,呈块链状分布。磷共晶中的白色区为含硼碳化物,磷化铁基体上的黑色小点为铁素体。

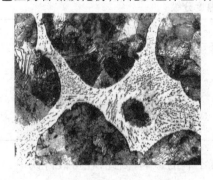 

图 6.17 铸态高磷耐磨铸铁金相组织(500×)　　图 6.18 铸态硼铸铁显微组织(500×)

(2)抗磨铸铁

抗磨铸铁在干摩擦及磨粒磨损条件下工作。这类铸件不仅受到严重的磨损,而且承受很大的负荷,获得高而均匀的硬度是提高这类铸铁件耐磨性的关键。常用的耐磨铸铁有合金白口铸铁和激冷铸铁两种。

合金白口铸铁是在普通白口铸铁中加入 Cr、Mn、Cu 等元素形成的,Cr 能使渗碳体(Fe_3C)变成碳化物($(Fe,Cr)_3C$),还能增加淬透性;铜能增加并细化珠光体,使冲击韧性提高,还能增加铁液流动性;锰能部分溶入碳化物,增加其硬度并细化共晶团及晶界的碳化物,从而改善韧性,因此合金白口铸铁具有高硬度、高耐磨性以及较好的韧性等优点。图 6.19 为铸态低铬合金白口铸铁的显微组织,该组织是由黑色枝晶状细珠光体、枝间共晶莱氏体和碳化物组成。

激冷铸铁是采用金属型或冷铁的激冷作用,使铸件表面一定的厚度范围内,因激冷而形成细小针状的渗碳体白口层,从而提高了耐磨性,图 6.20 为激冷铸铁的表层白口组织,其中黑色枝晶状为珠光体和共晶莱氏体,表面冷铁处的莱氏体沿扩散方向排列。通常激冷铸铁的金相组织由外向内可分为三层:白口层,一般为亚共晶或共晶组织,有时也会出现一些细小的初生碳化物或少量点状石墨;麻口层,也称过渡层,组织为碳化物、珠光体和片状石墨;灰口层,组织为珠光体和片状石墨,有时也会出现少量铁素体。

 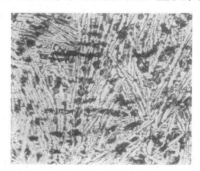

图 6.19　铸态低铬合金白口铸铁(3.2% C,　　　图 6.20 激冷铸铁表层的白口组织(800×)
1.2% Cr,2.0% Mn,0.5% Cu)的显微组织(100×)

此外,在铸铁中加入 $w_{Mn} = 5.0\% \sim 9.0\%$、$w_{Si} = 3.3\% \sim 5.0\%$,可以获得中锰合金球墨铸铁。该铸铁耐磨性很好,并具有一定的韧性。组织为马氏体+碳化物+球状石墨($w_{Mn} = 5\% \sim 7\%$),或为奥氏体+碳化物+球状石墨($w_{Mn} = 7\% \sim 9\%$),适于制造在冲击载荷和磨损条件下工作的零件,如犁铧、球墨机的磨球及拖拉机履带板等。

6.4.2　耐热铸铁

对于在高温下工作的铸件如换热器、坩埚、加热炉底板以及废气管道等,都要求工件具有较高的耐热性能。铸铁的耐热性是指在高温下铸铁抵抗"氧化"和"生长"的能力。氧化是铸铁在高温下与周围气氛接触使表层发生化学腐蚀的现象,还会发生氧化性气体沿石墨片边界或裂纹渗入铸铁内部的内氧化现象。生长则是铸铁在反复加热冷却时产生的不可逆体积增大的现象。所以说耐热铸铁就是在高温下能抵抗氧化和生长,并能承受一定负荷的铸铁。

为了提高铸铁的耐热性,通常向灰口铸铁中加入 Al、Si、Cr 等合金元素,一方面可在铸铁表面生成 Al_2O_3、SiO_2、Cr_2O_3 等致密的氧化膜,可防止进一步氧化;另一方面是 Al、Si、Cr 可提高铸铁的临界温度,并促使形成单相铁素体组织不致发生固态相变带来的显微开裂,因此在高温使用时能显著提高铸铁的抗生长性。

耐热铸铁通常分为硅系、铝系、铝硅系及铬系等,主要有中硅铸铁、中硅球墨铸铁、中硅中铝球墨铸铁、高铝球墨铸铁及高铬耐热铸铁。

6.4.3　耐蚀铸铁

在腐蚀介质中工作的铸铁件,不仅要求铸件有一定的机械性能,而且要求铸件具有抗腐蚀的性能。普通灰铸铁是由石墨、渗碳体和铁素体组成的多相合金。在电解质溶液中,石墨和渗碳体是阴极,铁素体是阳极,从而发生电化学腐蚀,铁素体不断溶解。

铸铁中加入较大量的合金元素如 Si、Al、Mo、Ni、Cu 等,可使基体的电极电位提高或基体构成单相,或者在铸件表面形成一层致密的保护膜与介质隔离,以破坏发生电化学腐蚀的必要条件,从而提高铸铁的耐蚀性能。

常见的耐蚀铸铁有高硅、高铝及高铬等耐蚀铸铁。

高硅耐蚀铸铁一般是以含硅铁素体为基体的灰口铸铁,组织是由硅铁素体、细小石墨和硅化铁组成。该铸铁之所以耐酸、耐蚀主要是因为形成了坚固质硬的 SiO_2 保护膜,并且硅的最佳加入量为 14% ~18% ,超过 18% 耐蚀性没有明显提高,但此时材料的脆性增大。

高铬耐蚀铸铁基体一般为白口铁,其显微组织如图 6.21 所示。组织是由马氏体和残留奥氏体以及其上分布着条状及六角形的初晶碳化物、共晶碳化物组成。碳化物是硬度高、呈孤立分布的 $(Fe,Cr)_7C_3$ 。由于高铬耐蚀铸铁含有高碳高铬,能形成共晶碳化物,故其耐磨性很好,更主要的是铬能提高固溶体的电极电位,并能在腐蚀介质中生成保护膜,因此具有良好的耐蚀性。

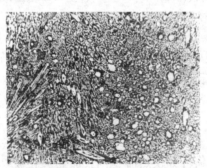

图 6.21　高铬耐蚀白口铸铁的显微组织(100×)

高铝耐磨铸铁主要用于重碳酸钠、氯化铵、硫酸氢铵等设备上的耐蚀材料,组织是由珠光体+铁素体+石墨和少量的 Fe_3Al 组成,铝质量分数为 4% ~6% ,可在铸铁表面形成致密的 Al_2O_3 保护膜,因而使其具有良好的耐蚀性能。

6.5　碳钢中常见的显微缺陷

由于碳钢在凝固时选择结晶的结果,使得钢材在冶炼、轧制、热加工过程中易形成各种组织缺陷。同样,钢在锻造成型以及各种热处理过程中由于工艺或操作不当,也有可能造成材料或零件的组织缺陷。这些组织缺陷的存在,对钢的质量和性能都有不同程度的影响,严重时将导致零件失效。为了确保钢件的内在质量和使用寿命,正确判别钢中的各种组织缺陷及形成原因,防止或消除这些组织缺陷的存在是十分必要的。

下面介绍碳钢中常见的几种组织缺陷,钢中的非金属夹杂物、带状组织、魏氏组织、表层脱碳。

6.5.1　钢中的非金属夹杂物

由于冶炼、浇铸或熔焊的关系,钢铁中常含有一些非金属夹杂物。钢中非金属夹杂物,即为钢中存在的化合物,如氧化物、氮化物、硫化物、硅酸物等。一般来说,它们的存在对碳钢的性能是不利的,尤其是对疲劳性能、冲击韧性和塑性影响较大。影响的程度与夹杂物的类型、分布、数量、形态及大小有关。为了减少夹杂物对材料的危害,应该对组织中存在的夹杂物进行全面的显微分析,从而采取相应措施加以控制。

对于夹杂物的金相显微分析方法如下,通过光学显微镜在明场、暗场及偏振光下鉴别碳钢中夹杂物的形状、大小、分布和色彩等,从而确定夹杂物的类型和组成。下面介绍碳钢中通常出现的四类非金属夹杂物的特征。

(1)硫化物

硫化物主要指硫化铁(FeS)和硫化锰(MnS),以及它们的共晶体等。由于硫化物的塑性较好,钢材经压力加工后,硫化物常沿钢材伸长的方向被拉长呈长条形或纺锤形,如图 6.22 所示。图 6.23 为 45 钢重熔后加入 1.5% Mn+0.088% S 显微组织中的 MnS 形态。在明场下硫化铁呈淡黄色,硫化锰呈灰蓝色,而两者的共晶体为灰黄色,它们在暗场下一般不透明,但有明显的周界线,硫化锰稍透明呈灰绿色。

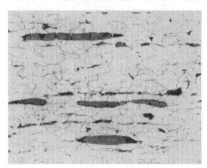
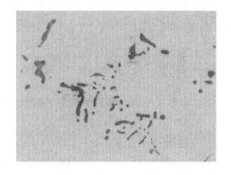

图 6.22　10 钢轧制后硫化物的形态(500×)　　图 6.23　45 钢重熔处理后显微组织中的 MnS 形态(500×)

(2)氧化物

常见的氧化物有氧化亚铁(FeO)、氧化亚锰(MnO)、氧化硅(SiO_2)、氧化铝(Al_2O_3)等,它们的塑性一般较差。压力加工后,它们往往沿钢材压延伸长方向呈小规则的点状或细小碎块状聚集成带状分布。

图 6.24 为电解铁中 FeO 的形态。FeO 在明场中呈深灰色或灰黄色,暗场中不透明,偏振光中各向同性。

图 6.25 为电解铁中加入 Mn 脱氧剂后显微组织中 MnO 的形态。MnO 呈树枝状分

布,明场下呈褐色且中心透明,暗场中呈绿宝石色,偏振光中呈绿色。

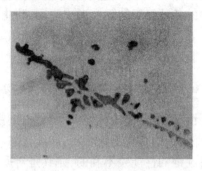

图 6.24 电解铁中 FeO 的形态(500×)　　图 6.25　电解铁中加入 Mn 脱氧剂后显微组织
　　　　　　　　　　　　　　　　　　　　　　　　中 MnO 的形态(500×)

图 6.26 为电解铁中加入 Si 脱氧剂后显微组织中 SiO$_2$ 的形态。SiO$_2$ 多呈球状,明场中呈深褐色且中心透明有亮环,暗场中透明,偏振光下各向同性并有黑十字。

图 6.27 为电解铁中加入 Al 脱氧剂后显微组织中 Al$_2$O$_3$ 的形态。Al$_2$O$_3$ 呈玻璃质球状,明场中呈深褐色且中心透明有亮环,暗场中透明程度低于球状 SiO$_2$,偏振光下各向同性并有黑十字。

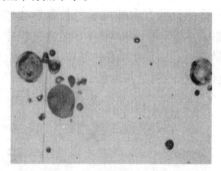

图 6.26　电解铁中加入 Si 脱氧剂后显微组织中　图 6.27　电解铁中加入 Al 脱氧剂后显微组织中
　　　　SiO$_2$ 的形态(500×)　　　　　　　　　　　　Al$_2$O$_3$ 的形态(500×)

（3）硅酸盐夹杂物

常见的硅酸盐夹杂物有铁硅酸盐(2FeO·SiO$_2$)、锰硅酸盐(2MnO·SiO$_2$)、铝硅酸铝(3Al$_2$O$_3$·2SiO$_2$)、钙硅酸盐(CaO·SiO$_2$、2CaO·SiO$_2$、3CaO·SiO$_2$)和铁锰硅酸盐(mFeO·nMnO·pSiO$_2$)等。除了锰硅酸盐和铁锰硅酸盐夹杂物易变形外,其他硅酸盐不变形或变形破碎,它们在明场下一般呈灰色或暗灰色,在偏振光下呈现特有的暗黑十字及暗黑的同心圆。

图 6.28 为电解铁中加入 Si-Ca 合金脱氧剂形成的钙硅酸盐夹杂物在明场及暗场中的形态。夹杂物 CaO·SiO$_2$ 呈球状,明场中大小球均呈灰褐色;暗场中透明;偏振光中同性。

图 6.29 为电解铁中加入 Si-Mn 合金脱氧剂形成的锰硅酸盐夹杂物在明场及暗场中的形态。其中夹杂物由几颗 MnO·SiO$_2$ 聚合长大而成,明场下为灰褐色,局部透明;

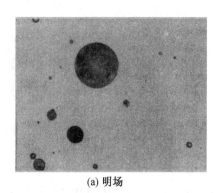

(a) 明场　　　　　　　　　　　　　　(b) 暗场

图 6.28　电解铁中加入 Si-Ca 合金脱氧剂形成的钙硅酸盐夹杂物形态(500×)

暗场下透明黄绿色;偏振光中呈黄红绿色,转动载物台无变化。

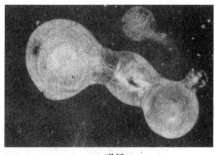

(a) 明场　　　　　　　　　　　　　　(b) 暗场

图 6.29　电解铁中加入 Si-Mn 合金脱氧剂形成的锰硅酸盐夹杂物形态(500×)

(4)氮化物

氮化物主要为氮化钛(TiN),其塑性差,外形规则,常见为三角形、正方形、矩形、梯形等。在明场下,氮化物呈金黄色;在暗场下,氮化物不透明;在偏光下,氮化物呈各向同性、不透明。

氮化钒外形规则,明场下呈粉红的玫瑰色。其他性质均与 TiN 相同。此外,在结构钢中还常见到氰化钛[Ti(NC)],其大部分性质与 TiN 相似,仅在明场下它的颜色随其含碳量增多,按玫瑰色-紫色-淡紫色顺序而变化。

图 6.30 为纯铁在氮气流中熔化后加入 0.5%Ti 生成 TiN 的形态,图中试样经电解分离后得 TiN 在岩相观察为黑方块。图 6.31 为热轧态 10Cr18Ni12Mo2Ti 中 TiN 的形态,图中 TiN 呈三角形及方块状。

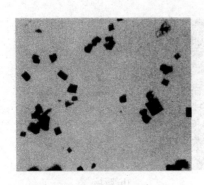

图 6.30 纯铁在氮气流中熔化后加入　　　图 6.31 热轧态 10Cr18Ni12Mo2Ti 中 TiN 的
　　　　0.5%Ti 生成 TiN 的形态(420×)　　　　　　形态(500×)

6.5.2 魏氏组织

亚共析钢或过共析钢在铸造、锻造、轧制后的空冷,焊缝或热影响区空冷,或者当加热温度过高并以较快速度冷却时,先共析铁素体或先共析渗碳体从奥氏体晶界沿奥氏体一定晶面往晶内生长并呈针片状析出,这种针状铁素体或针状渗碳体分布在珠光体基体上的组织称为魏氏组织。

图 6.32、图 6.33 分别为铁素体魏氏组织和渗碳体魏氏组织。

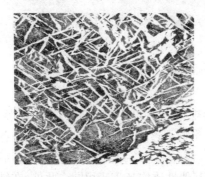

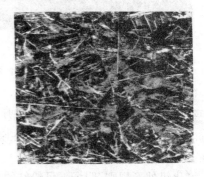

图 6.32 铁素体魏氏组织(200×)　　　　　图 6.33 渗碳体魏氏组织(200×)

魏氏组织是钢的一种过热缺陷组织,它使钢的机械性能,特别是冲击韧性和塑性显著降低,并提高钢的脆性转变温度,使钢容易发生脆性断裂,所以钢中尽量避免魏氏组织的出现。可通过细化晶粒、正火、退火或锻造并适当控制冷却速度等方法来消除,对钢中已有的魏氏组织进行金相分析和评级是尤为重要的。

评定珠光体钢中的魏氏组织,要根据析出的针状铁素体数量、尺寸和由铁素体网确定奥氏体晶粒大小的原则进行评判。表 6.19 是对评级图中 2 个系列各 6 个级别组成的魏氏组织特征的描述。

表 6.19 魏氏组织

级别	组织特征	
	A 系列	B 系列
0	均匀的铁素体和珠光体组织,无魏氏组织特征	均匀的铁素体和珠光体组织,无魏氏组织特征
1	铁素体组织中有不规则的块状铁素体出现	铁素体组织中出现碎块状及沿晶界铁素体网的少量分叉
2	呈现个别针状组织区	出现由晶界铁素体网向晶内生长的针状组织
3	由铁素体网向晶内生长分布于晶粒内部的细针状魏氏组织	大量晶内细针状及由晶界铁素体网向晶内生长的针状魏氏组织
4	明显的魏氏组织	大量由晶界铁素体网向晶内生长的长针状并具有明显的魏氏组织
5	粗大针状及厚网状的非常明显的魏氏组织	粗大针状及厚网状的非常明显的魏氏组织

A 系列:适用于 $w_C = 0.15\% \sim 0.30\%$ 钢的魏氏组织评级

B 系列:适用于 $w_C = 0.31\% \sim 0.50\%$ 钢的魏氏组织评级

6.5.3 带状组织

复相合金中的各个相,在热加工时沿着压延变形方向交替地呈带状分布,这种组织称为带状组织,其显微组织如图 6.34 所示。可以看出,铁素体带两侧因碳高磷低而形成珠光体带,呈现出铁素体和珠光体分层的带状组织。此种组织的出现与钢中存在的枝晶偏析和夹杂物有关,如果钢中存在有较严重的枝晶偏析,则碳在钢中分布不均匀,在加工过程中成为条带状分

图 6.34 A572 钢中的带状组织

布。当钢中存在较多的夹杂物时,在加工时也以压延伸长方向呈条状分布。

带状组织使钢的机械性能产生各向异性,即沿着带状纵向的强度高,韧性好,横向的强度低、韧性差。此外,带状组织的工件热处理时易产生变形,且使得硬度不均匀。带状组织不能用退火来消除,可用正火处理来消除,如图 6.35 所示。而对于严重的磷偏析引起的带状组织需要通过高温扩散退火及随后的正火来改善,但是有时也难以完全消除。

评定珠光体钢中的带状组织,要根据带状铁素体数量增加,并考虑带状贯穿视场的程度、连续性和变形铁素体晶粒多少的原则确定。表 6.20 是对评级图中 3 个系列各 6 个级别组织特征的描述。

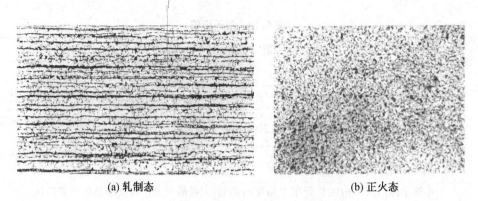

(a) 轧制态　　　　　　　　　　　　　(b) 正火态

图 6.35　用正火法消除 Q345 钢的带状组织(100×)

表 6.20　带状组织

级别	组织特征		
	A 系列	B 系列	C 系列
0	等轴的铁素体晶粒和少量的珠光体,没有带状	均匀的铁素体-珠光体组织,没有带状	均匀的铁素体-珠光体组织,没有带状
1	组织的总取向为变形方向,带状不很明显	组织的总取向为变形方向,带状不很明显	铁素体聚集,沿变形方向取向,带状不很明显
2	等轴铁素体晶粒基体上有1~2条连续的铁素体带	等轴铁素体晶粒基体上有1~2条连续的和几条分散的等轴铁素体带	等轴铁素体晶粒基体上有1~2条连续的和几条分散的等轴铁素体-珠光体带
3	等轴铁素体晶粒基体上有几条连续的铁素体带穿过整个视场	等轴晶粒组成几条连续的贯穿视场的铁素体-珠光体交替带	等轴晶粒组成几条连续铁素体-珠光体交替的带,穿过整个视场
4	等轴铁素体晶粒和较粗的变形铁素体晶粒组成贯穿视场的交替带	等轴晶粒和一些变形晶粒组成贯穿视场的铁素体-珠光体均匀交替带	等轴晶粒和一些变形晶粒组成贯穿视场的铁素体-珠光体均匀交替带
5	等轴铁素体晶粒和大量较粗的变形铁素体晶粒组成贯穿视场的交替带	变形晶粒为主构成贯穿视场的铁素体-珠光体不均匀交替带	变形晶粒为主构成贯穿视场的铁素体-珠光体不均匀交替带

A 系列:适用于 $w_C \leqslant 0.15\%$ 钢的带状组织评级

B 系列:适用于 $w_C = 0.16\% \sim 0.30\%$ 钢的带状组织评级

C 系列:适用于 $w_C = 0.31\% \sim 0.50\%$ 钢的带状组织评级

6.5.4　表层脱碳

　　钢在各种热加工工序的加热或保温过程中,由于周围氧化气氛的作用,使钢材表层的碳全部或部分丧失掉,这种现象叫做脱碳,具有脱碳的表层称为脱碳层。脱碳层可分为全脱碳层和部分脱碳层两部分,脱碳层的总厚度等于两者厚度之和。全脱碳层是指表面的碳全部丧失,其组织全部为铁素体,由试样边缘量到最初发现珠光体或其他组织为止。部分脱碳层是指表面的碳部分丧失,它由全脱碳层内边量至原来的基体组织为止。钢表层的脱碳,将大大降低材料的表面硬度、耐磨性及疲劳极限,并造成表面加工裂纹等。对于要求较高的零件,需要采用真空热处理或可控气氛热处理,或者在热处理时采用其他有效的办法对零件加以保护,防止氧化和脱碳。

通常选取金相法测定脱碳层的厚度,在光学显微镜下观察试样从表面到中心随着碳含量的变化而产生的组织变化。具体测定方法如下。

(1)总脱碳层的测定

在亚共析钢中是以铁素体与其他组织组成物的相对量变化来区分的,在过共析钢中是以碳化物含量相对基体的变化来区分的。借助于测微目镜或直接在显微镜毛玻璃屏上测量从表面到其组织和基体组织已无区别的那一点距离。对每一试样,在最深的均匀脱碳区一个视场内,随机进行几次测量(至少需五次),以这些测量值的平均值作为总脱碳层深度。对于轴承钢、工具钢如技术条件中没有特殊规定,把测量试样中脱碳极深的那些点排除掉。

(2)全脱碳层的测定

全脱碳层是指试样表面脱碳后得到的全铁素体组织,因此,测量时应从表面测至有渗碳体或有珠光体出现的那一点距离,或测量产生全铁素体组织的深度为全脱碳层深度。

(3)金相法测定脱碳层深度的典型组织照片举例

金相法测定脱碳层时,对具有正火或退火(铁素体–珠光体)组织的钢种来说,脱碳量取决于珠光体的减少量,如图 6.36 所示。硬化组织或淬火后的回火马氏体组织由晶界铁素体的变化来判定完全脱碳层,如图 6.37 所示。球化退火组织可由表面碳化物明显减少区或出现片状珠光体区确定部分脱碳区,如图 6.38 所示。图 6.36 ~ 6.38 中样品均被 2% 硝酸酒精腐蚀,图中箭头标出的区域为脱碳层。

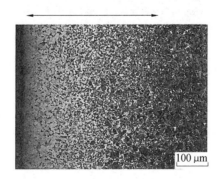

图 6.36　碳素钢表面脱碳(100×)

成分:$w_C = 0.81\%$,$w_{Si} = 0.18\%$,$w_{Mn} = 0.33\%$

处理工艺:960℃加热 2.5 h 炉冷

组织说明:珠光体减少区域为部分脱碳

处理工艺:800℃保温 4 h,以 10℃ 每小时缓冷至 650℃,空冷

组织说明:白色铁素体部分为完全脱碳区,碳化物减少区为部分脱碳(100×)

图 6.37 60SiMnA 弹簧钢表面脱碳(500×)

处理工艺:先 870℃加热 20 min 油淬,之后 440℃加热 90 min 空冷

组织说明:白色铁素体部分为完全脱碳区,含有片状铁素体区为部分脱碳

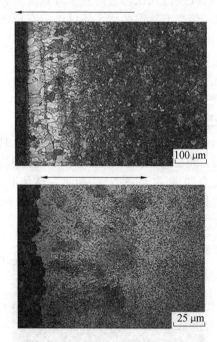

图 6.38 GCr15 表面脱碳的金相组织

组织说明:片状珠光体区域为部分脱碳(400×)

第7章　钢的热处理组织

热处理是将钢在固态下加热到预定的温度,并在该温度下保持一段时间,然后以一定的冷却速度冷却到室温的一种热加工工艺。其目的是通过改变钢的内部组织结构,来改善其性能。性能变化的程度,完全取决于热处理后获得的组织结构,所以为了制订正确的热处理工艺,保证热处理质量,必须了解钢在加热及冷却条件下的组织变化规律。

7.1　钢在加热时的组织转变

钢的热处理过程,通常是把钢加热到奥氏体状态,然后以适当的方式冷却并获得所期望的组织和性能。通常把获得奥氏体的转变过程称为"奥氏体化"。加热时形成奥氏体的化学成分、均匀化程度、晶粒大小及残留奥氏体数量等都将直接影响钢在冷却后的组织和性能,因此研究钢在加热时的组织转变规律具有重要的意义。

7.1.1　钢在加热时的转变过程

现以共析钢为例说明奥氏体的形成过程。假如共析钢的室温平衡组织为片状珠光体,当把它加热到超过 Ac_1 以上温度时,就发生由珠光体向奥氏体的转变,图 7.1 为共析钢中奥氏体形成过程示意图。

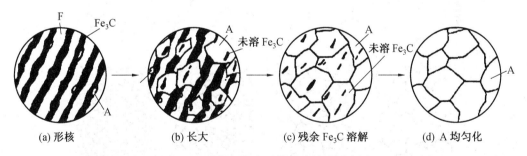

(a) 形核　　　　(b) 长大　　　　(c) 残余 Fe_3C 溶解　　　　(d) A 均匀化

图 7.1　共析钢的奥氏体形成过程示意图

由于珠光体中铁素体和 Fe_3C 相界面上碳浓度分布不均匀,位错密度较高,原子排列不规则,处于能量较高状态,容易获得奥氏体形核所需的浓度起伏、结构起伏和能量起伏,所以奥氏体晶核优先在相界面上形成。随后,奥氏体向相接触的渗碳体与铁素体两边长大,即渗碳体逐渐溶解于已形成的奥氏体中,而铁素体通过晶格改组转变为奥氏体。一般是铁素体先转变完,随后是渗碳体全部溶解,最后才获得成分均匀的奥氏体。

亚共析钢和过共析钢的奥氏体形成过程与共析钢基本相同,但是加热温度仅超过

Ac_1 时,只能使原始组织中的珠光体转变为奥氏体,仍保留一部分先共析铁素体或先共析渗碳体。只有当加热温度超过 Ac_3 或 Ac_{cm} 并保温足够时间,才能获得均匀单相的奥氏体。

7.1.2　奥氏体晶粒度

钢在加热后形成的奥氏体组织,特别是奥氏体晶粒大小对冷却转变后钢的组织和性能有着重要的影响。一般来说,奥氏体晶粒越细小,钢热处理后的强度越高,塑性越好,冲击韧性越高;相反,奥氏体晶粒越大,相应的性能指标越差。因此热处理过程中必须严格控制奥氏体晶粒大小。

奥氏体晶粒大小用晶粒度表示,通常分为 8 级,如图 7.2 所示。目前,国际上通用的方法是与标准金相图片相比较来确定晶粒度的级别。具体做法可参考 GB/T—2002《金属平均晶粒度测定方法》。晶粒度级别 G 与晶粒大小有如下关系

$$N = 2^{G-1} \tag{7.1}$$

式中,N 表示在 100 倍下每平方英寸($645.16~\mathrm{mm}^2$)面积内观察到的晶粒个数。晶粒度级别数 G 越大,单位面积内晶粒数越多,则晶粒尺寸越小。$G<5$ 级为粗晶粒,$G \geqslant 5$ 级为细晶粒。晶粒度还可定为半级,如 0.5、1.5、2.5 级等。

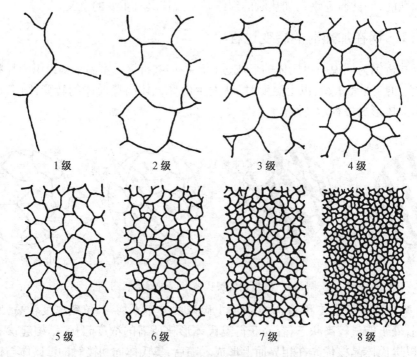

图 7.2　奥氏体晶粒度分级

此外,为了研究钢在热处理时奥氏体晶粒度的变化,必须了解以下三种不同晶粒度的概念。

1. 起始晶粒度

奥氏体转变刚刚完成,其晶粒边界刚刚相互接触时奥氏体晶粒的大小称为奥氏体起始晶粒度,如图7.3所示。一般起始晶粒度总是十分细小、均匀的。

珠光体　　　　　珠光体→奥氏体　　　　奥氏体

图7.3 奥氏体起始晶粒形成示意图

2. 实际晶粒度

钢在某一具体的热处理或热加工条件下获得的奥氏体实际晶粒大小称为奥氏体的实际晶粒度。它取决于具体的加热温度和保温时间。实际晶粒度总比起始晶粒度大,实际晶粒度对钢热处理后获得的性能有直接的影响。

3. 本质晶粒度

本质晶粒度是表示钢在一定的条件下奥氏体晶粒长大的倾向性。凡随着奥氏体化温度升高,奥氏体晶粒迅速长大的称为本质粗晶粒钢。相反,随着奥氏体化温度升高,在930℃以下时,奥氏体晶粒长大速度缓慢的称为本质细晶粒钢。超过930℃时,本质细晶粒钢的奥氏体晶粒也可能迅速长大,有时其晶粒尺寸甚至会超过本质粗晶粒钢。显示方法包括渗碳法、氧化法、网状铁素体法、网状珠光体法、晶界腐蚀法、真空法、高温金相法等。

7.2　钢在冷却时的组织转变

钢的加热转变是进行热处理的第一步,目的是为了获得均匀、细小的奥氏体晶粒。而钢的性能最终取决于奥氏体冷却转变后的组织,因此研究不同冷却条件下钢中奥氏体组织转变规律,是获得预期性能的关键并具有重要的实际意义。

从 $Fe-Fe_3C$ 相图可知,在 A_1 温度以下,奥氏体是不稳定相,这种在临界温度以下处于不稳定状态的奥氏体叫过冷奥氏体。将其以不同方式进行冷却可得到不同形态的金相组织。冷却方式一般分为两大类:等温冷却和连续冷却。

(1)等温冷却

将处于奥氏体状态的钢迅速冷却至临界点以下某一温度并保温一定时间,让过冷奥氏体在该温度下发生组织转变,然后再冷至室温。

(2)连续冷却

将处于奥氏体状态的钢以一定的速度冷至室温,使奥氏体在一个温度范围内发生连续转变。

为了掌握钢件在不同冷却方式下的组织转变规律及获得相应组织的特征,有必要对等温转变曲线和连续冷却转变曲线进行详细讨论。

7.2.1　过冷奥氏体等温转变曲线

过冷奥氏体等温转变曲线形如英文字母"C",故又称为 C 曲线,亦称为 TTT(Time-Temperature–Transformation)图,如图 7.4 所示。

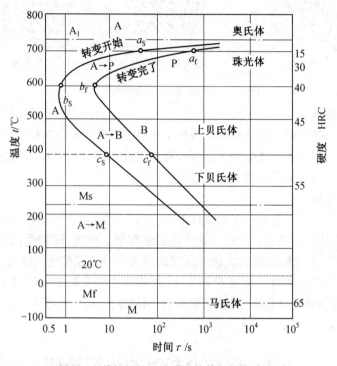

图 7.4　共析钢的过冷奥氏体等温转变曲线

1. 等温冷却 C 曲线分析

以共析钢 C 曲线进行分析。

共析钢 C 曲线如图 7.4 所示,图中最上面的一根水平虚线为钢的临界点 A_1,下方的一根水平线 Ms 为马氏体转变开始温度,另一根水平线 Mf 为马氏体转变终了温度。A_1 与 Ms 线之间有两条 C 曲线,左边一条为过冷奥氏体转变开始线,右边一条为过冷奥氏体转变终了线。

根据转变温度和转变产物不同,共析钢 C 曲线由上至下可分为三个区:$A_1 \sim 550\,℃$ 为珠光体转变区;$550\,℃ \sim$ Ms 为贝氏体转变区;Ms $\sim$ Mf 线为马氏体转变区。形成三类组织的基本特征将在 7.3 中介绍。

在 A_1 温度以下,过冷奥氏体转变开始线与纵坐标之间的水平距离称为过冷奥氏体在该温度下的孕育期。从图可见,在不同温度下等温,其孕育期是不同的。在 $550\,℃$ 左右共析钢的孕育期最短,转变速度最快,此处俗称为 C 曲线的鼻子。过冷奥氏体转变终了线与纵坐标之间的水平距离,则表示在不同温度下转变完成所需要的总时间。

2.影响 C 曲线的因素

(1)碳质量分数的影响。与共析钢比较,亚共析钢和过共析钢的 C 曲线都多出一条先共析相曲线,如图 7.5 所示。因此,在发生珠光体转变以前,亚共析钢会先析出铁素体,过共析钢则先析出渗碳体。

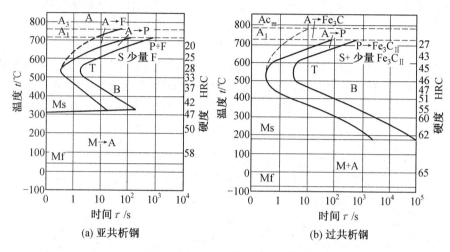

图 7.5 过冷奥氏体等温转变曲线

(2)合金元素的影响。一般情况下,除 Co 和 Al($w > 2.5\%$)以外的所有溶入奥氏体中的合金元素,都会增加过冷奥氏体的稳定性,使 C 曲线向右移,并使 Ms 点降低。其中 Mo 的影响最为强烈,加入微量的 B 可以明显地提高过冷奥氏体的稳定性。

(3)奥氏体状态的影响。晶粒细化有利于新相的形核和原子的扩散,降低奥氏体的稳定性,使 C 曲线左移。此外奥氏体的均匀程度也会影响 C 曲线的位置,成分越均匀,奥氏体的稳定性越好,奥氏体转变所需时间越长,C 曲线向右移,反之则向左移。

(4)应力和塑性变形的影响。在奥氏体状态下承受拉应力将加速奥氏体的等温转变,而加等向压应力则会阻碍这种转变。因此,对奥氏体进行塑性变形也有加速奥氏体转变的作用。

7.2.2 过冷奥氏体连续转变曲线

共析钢的过冷奥氏体连续转变曲线,如图 7.6 所示。它只有珠光体转变区和马氏体转变区,无贝氏体转变区。珠光体转变区由三条线构成,图中左边一条线为过冷奥氏体转变开始线,右边一条为转变终了线,两条曲线下面的

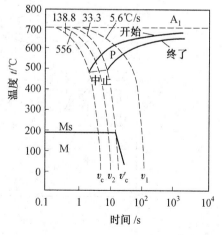

图 7.6 共析钢过冷奥氏体连续冷却转变曲线

连线为过冷奥氏体转变终止线。Ms 线和临界冷却速度 v_c 线以下为马氏体转变区。

从图 7.6 可以看出,当过冷奥氏体以 v_1 速度冷却,当冷却曲线与珠光体转变线相交时,奥氏体便开始向珠光体转变,当与珠光体转变终了线相交时,表明奥氏体转变完毕,获得 100% 的珠光体。但冷却速度增大到 v_c 时,冷却曲线不与珠光体转变线相交,而与 Ms 线相交,此时发生马氏体转变。冷至 Mf 点时转变终止,得到的组织为马氏体+未转变的残留奥氏体。冷却速度介于 v_c 与 v_c' 之间时,则过冷奥氏体先开始珠光体转变,但冷却到转变终了线时,珠光体转变停止,继续冷却至 Ms 点以下,未转变的过冷奥氏体开始发生马氏体转变,最后的组织为珠光体+马氏体。

亚共析钢和过共析钢的过冷奥氏体连续冷却转变曲线如图 7.7 所示。与共析钢相比有较大差别,对亚共析钢来说,出现了先共析铁素体析出区和贝氏体转变区,且 Ms 点右端降低,而对过共析钢,虽然也无贝氏体转变区,但它有先共析渗碳体析出区,Ms

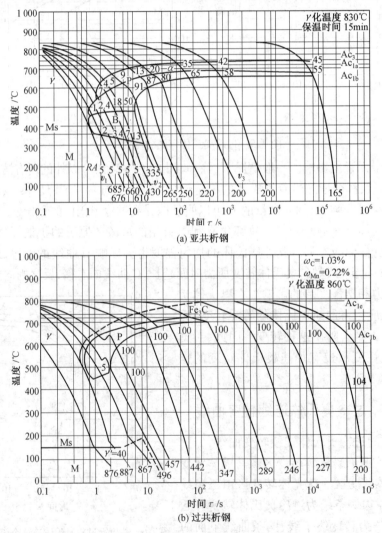

图 7.7 过冷奥氏体连续冷却转变曲线

点右端则有所升高。

7.3 珠光体、马氏体、贝氏体

7.3.1 珠光体

共析钢过冷奥氏体在 C 曲线 A_1 线至鼻温之间较高温度范围内等温停留时,将发生珠光体转变。该相变是由单相的奥氏体分解为铁素体和渗碳体两个新相的机械混合物的相变过程,属于扩散型相变。

根据奥氏体化温度和奥氏体化程度不同,过冷奥氏体可以形成片状珠光体和粒状珠光体两种组织形态。

1. 片状珠光体

第 5 章已经提到,片状珠光体是由片层相间的铁素体和渗碳体片组成,若干大致平行的铁素体和渗碳体片组成一个珠光体领域或珠光体团,在一个奥氏体晶粒内,可形成几个珠光体团。

图 7.8 为典型的片状珠光体组织形态,其中,根据片间距的大小,又可将片状珠光体分为三类,具体分类标准见表 7.1,相应的显微组织形态,如图 7.9 所示。

图 7.8 典型的珠光体组织(500×)

表 7.1 珠光体转变按片层间距分类的大致范围

组织	形成温度范围/℃	大致片层间距/μm
珠光体	A_1 ~ 650	0.6 ~ 1.0
索氏体	650 ~ 600	0.25 ~ 0.3
屈氏体	600 ~ 550	0.1 ~ 0.15

2. 粒状珠光体

片状珠光体经球化退火后,其组织变为在铁素体基体上分布着颗粒状渗碳体的组织,叫做粒状珠光体,图 7.10 为典型的粒状珠光体组织形态。粒状珠光体的力学性能主要取决于渗碳体颗粒的大小、形态与分布状况。一般情况下,钢的成分一定时,渗碳

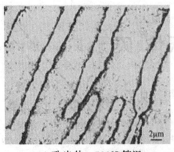

(a) 珠光体，700℃等温

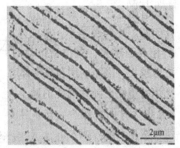

(b) 索氏体，700℃等温

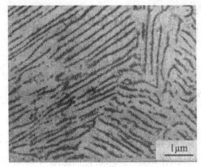

(c) 屈氏体，700℃等温

图 7.9　片状珠光体的组织形态

体颗粒越细，形状越接近等轴状，分布越均匀，其强度和硬度就越高，韧性越好。与片层珠光体相比，球状珠光体的强度较低，但塑性、韧性较好。

　　此外，粒状珠光体也可以通过马氏体或贝氏体的高温回火来获得。马氏体和贝氏体组织在中温区回火得到回火托氏体组织，而高温区回火获得回火索氏体组织，进一步提高回火温度到 A_1 稍下保温，铁素体晶粒不断变成较大的等轴晶粒，细小弥散的碳化物不断聚集粗化，最后可以得到较大颗粒状的碳化物，成为球状珠光体组织。图 7.11 为 H13 钢的粒状珠光体组织的扫描电镜照片，可见在铁素体基体上分布着大小不等的碳化物颗粒。

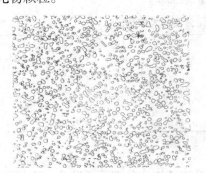

图 7.10　球状珠光体(500×)

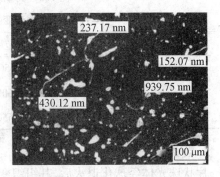

图 7.11　H13 钢的粒状珠光体组织(SEM)

7.3.2 马氏体

钢从奥氏体状态快速冷却,抑制其扩散性分解,在较低温度下(低于 Ms 点)发生的无扩散型相变叫做马氏体转变。钢的马氏体组织是碳在α-Fe 中的过饱和固溶体,其转变产物具有很高的硬度和强度,是强化金属的重要手段之一。

钢中马氏体有两种基本形态:一种是板条状马氏体;另一种是片状马氏体。

1. 板条状马氏体

板条状马氏体是中、低碳钢及马氏体时效钢、不锈钢等铁基合金中形成的一种典型的马氏体组织。它是由许多成群的、相互平行排列的板条所组成,如图 7.12 所示。

板条马氏体的空间形态是扁条状的,每个板条为一个单晶体,它们之间一般以小角度晶界相间。板条宽度一般为 0.025 ~ 2.25 μm,最常见的约为 0.15 μm,板条之间往往存在厚度为 10 ~ 20 nm 的薄壳(片)状的残留奥氏体。许多相互平行的板条织成一个板条束,一个奥氏体晶粒内通常有 3 ~ 5 个板条,采用选择性浸蚀时,有时在一个板条束内可观察到若干个黑白相间的板条块(一个板条块有若干个板条组成),块与块之间呈大角度晶界。图 7.13 为板条马氏体显微组织结构示意图。

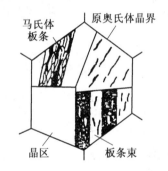

图 7.12 板条马氏体组织形态(500×)   图 7.13 板条马氏体显微组织结构示意图

板条马氏体的亚结构主要为高密度的位错,这些位错分布不均匀,且相互缠结,形成胞状亚结构称为位错胞,如图 7.14 所示。因此板条马氏体又称为"位错马氏体"。

图 7.14 板条马氏体中的位错胞

2. 片状马氏体

片状马氏体是在中、高碳钢和 Ni 的质量分数大于 29% 的 Fe-Ni 合金中出现的马氏体。片状马氏体的空间形态呈双凸透镜状,由于与试样的磨面相截,在光学显微镜下,则呈针状或竹叶状,所以又称为针状马氏体。马氏体之间不平行,呈一定的交角,其组织形态如图 7.15 所示。

在原奥氏体晶粒中首先形成的马氏体片是贯穿整个晶粒的,但一般不穿过晶界,只将奥氏体晶粒分割,以后陆续形成的马氏体片由于受到限制而越来越小,所以片状马氏体的最大尺寸取决于原始奥氏体晶粒大小。奥氏体晶粒越粗大,马氏体片越大,反之则越细。当最大尺寸的马氏体片小到光学显微镜无法分辨时,便称为隐晶马氏体。在生产中正常淬火得到的马氏体,一般都是隐晶马氏体。片状马氏体的显微组织示意图如图 7.16 所示。

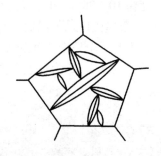

图 7.15　片状马氏体组织形态(400×)　　　　图 7.16　片状马氏体显微组织示意图

图 7.17 是片状马氏体薄膜试样的透射电镜照片,从图中可以看到马氏体的内部亚结构主要为孪晶,因此片状马氏体又称孪晶马氏体。图 7.18 为片状马氏体亚结构示意图。孪晶通常分布在马氏体片的中部,不扩展到马氏体片的边缘区,在边缘区存在高密度的位错。此外片状马氏体内部存在大量的显微裂纹,如图 7.19 所示。这些显微裂纹是由于马氏体高速形成时互相撞击或与晶界撞击所造成的。马氏体片越大,显微裂纹越多,显微裂纹的存在增加了钢的脆性。

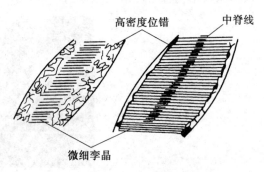

图 7.17　片状马氏体的透射电镜照片(50 000×)　　　图 7.18　片状马氏体亚结构示意图

马氏体转变的一大特点是以切变方式进行的。因此马氏体转变时,在预先抛光试样表面上会观察到表面浮凸现象,其形貌如图 7.20 所示。

图 7.19 T12A 钢中的微裂纹

图 7.20 马氏体的表面浮凸

7.3.3 贝氏体

钢在珠光体转变温度以下、马氏体转变温度以上的温度范围内,过冷奥氏体将发生贝氏体转变,又称为中温转变。其转变特点具有珠光体转变和马氏体转变的特征,又有区别于它们的独特之处。其转变产物是碳过饱和的 Fe 和碳化物组成的机械混合物。根据形成温度的不同,贝氏体可分为上贝氏体和下贝氏体。由于下贝氏体具有优良的综合力学性能,故在工业中得到广泛应用。

钢中贝氏体的形态是多变的,从金相显微组织特征来看,可将贝氏体分为三类:羽毛状、针状及粒状。其中羽毛状贝氏体又称为上贝氏体,针状贝氏体又称为下贝氏体。

1. 上贝氏体

上贝氏体形成于贝氏体转变区中较高温度范围内,中、高碳钢的上贝氏体组织在光学显微镜下的典型特征呈羽毛状,如图 7.21(a)所示。在电子显微镜下,上贝氏体由许多从奥氏体晶界向晶内平行生长的条状铁素体和在相邻铁素体条间存在的断续的、短杆状的渗碳体组成,如图 7.21(b)所示。其中的铁素体含过饱和碳,存在较高的位错密度,如图 7.22 所示。

在上贝氏体中的铁素体条间还可能存在未转变的残留奥氏体,其组织完全是由铁素体和残留奥氏体组成,而无碳化物。这种贝氏体称为无碳化物贝氏体,有时简称为无

(a) 光学显微组织 (羽毛状)

(b) 透射电镜组织

图 7.21　上贝氏体的显微组织

图 7.22　上贝氏体的透射电镜照片(80 000×)
低碳钢经450℃等温后形成的上贝氏体,内
中存在较高的位错密度

碳贝氏体。尤其在硅钢或铝钢中易出现,如 60Si2Mn 等,在 450℃ 等温形成上贝氏体时,铁素体条之间无碳化物。这是由于硅的存在延缓了渗碳体析出的缘故,其显微组织,如图 7.23 所示。

(a) 0.6% C, 2.0 Si, 400 C 等温, 4% 硝酸
酒精浸蚀, 光学金相照片 (1 000 ×)

(b) 条件同 (a), 透射电镜照片, 铁素体
条间为未转变的奥氏体 (4 000 ×)

图 7.23　无碳化物贝氏体

2. 下贝氏体

下贝氏体形成于贝氏体转变区较低温度范围,组织也是由铁素体和碳化物组成。在光学显微镜下观察,下贝氏体呈黑色针状,如图 7.24(a)所示。它可以在奥氏体晶界上形成,但更多的是在奥氏体晶粒内沿某些晶面单独地或成堆地长成针叶状。在电子显微镜下,下贝氏体由含碳过饱和的片状铁素体和其内部析出的微细 ε-碳化物组成。其中 ε-碳化物具有六方点阵,成分不固定,以 Fe_xC 表示,他们之间平行排列并与铁素体长轴呈 55° ~65°取向,如图 7.24(b)所示。

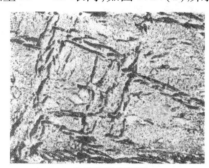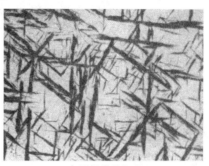

(a) 光学显微镜组织　　　　　　　　(b) 电子显微镜组织

图 7.24　下贝氏体显微组织

在下贝氏体的铁素体中也存在着较高密度的位错,如图 7.25 所示,并且最新研究发现在铁素体的内部也有孪晶存在,如图 7.26 所示。

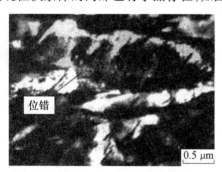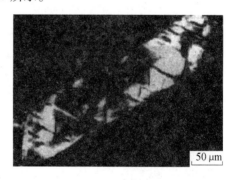

图 7.25　35Cr2Mo 钢下贝氏体的缠结位错　　　图 7.26　下贝氏体片中的孪晶

3. 粒状贝氏体

当奥氏体冷却到上贝氏体温度区,析出贝氏体铁素体后,由于碳扩散到奥氏体中,使奥氏体不均匀地富碳,不再转变为贝氏体。这些奥氏体区域(岛)一般呈粒状或长条状,分布在铁素体基体上。这种富碳的奥氏体在冷却或等温过程中,可以部分地分清或转变,形成所谓(M-A)岛。这种由 BF+(M/A)岛构成的整个组织称为粒状贝氏体,如图 7.27 所示,粒状贝氏体多出现在中、低碳合金钢中。

在工业用钢中,除了出现典型的贝氏体组织外,还同时出现形形色色的贝氏体组织,例如雪花状贝氏体、海星状贝氏体、棒状贝氏体,以及上贝氏体+下贝氏体的混合组织等。图 7.28 ~图 7.31 分别为雪花状贝氏体、海星状贝氏体、棒状贝氏体以及上贝氏

图 7.27　粒状贝氏体的显微组织形态(500×)

体+下贝氏体的混合组织的显微组织形态图。

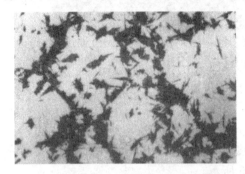

图 7.28　雪花状贝氏体的显微组织(500×)

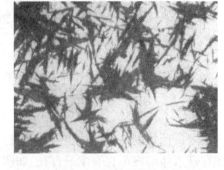

图 7.29　海星状贝氏体的显微组织(500×)

图 7.30　棒状贝氏体显微组织(500×)

图 7.31　上贝氏体+下贝氏体的混合组织的显微组织(500×)

7.4　工业用钢的退火、正火、淬火及回火组织

7.4.1　退火

退火是将钢加热至临界点 Ac_1 以上或以下温度,保温以后随炉缓慢冷却以获得近于平衡状态组织的热处理工艺。

　　碳质量分数不同的碳钢,经过退火处理后形成的组织各不相同。亚共析钢经退火后的组织是铁素体+珠光体,如图 7.32 所示;共析钢为珠光体,如图 7.33 所示;过共析钢为渗碳体+珠光体,如图 7.34 所示。

 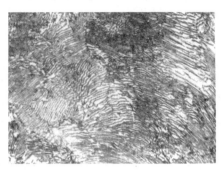

　　图 7.32　10 钢退火后的显微组织(200×)　　　图 7.33　T8 钢退火后的显微组织(500×)

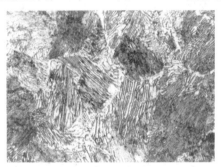

图 7.34　T10 钢退火后的显微组织(500×)

钢的退火种类很多,主要有以下几种:

1. 完全退火

　　完全退火是将钢加热到 Ac_3 温度以上,保温足够的时间,使组织完全奥氏体化后缓慢冷却,以获得平衡组织的热处理工艺。目的是细化晶粒,提高韧性,消除内应力,降低硬度,便于切削加工。图 7.35 为 T13 钢完全退火后的显微组织,其中基体为黑色的片状珠光体,晶界上的白色网络为二次渗碳体。

图 7.35　T13 钢完全退火后的显微组织(200×)

腐蚀剂:4%苦味酸酒精溶液

2. 不完全退火

不完全退火是将钢加热至 $Ac_1 \sim Ac_3$（亚共析钢）或 $Ac_1 \sim Ac_{cm}$（过共析钢）之间，经保温后缓慢冷却以获得近于平衡组织的热处理工艺。主要目的是降低硬度，改善切削加工性能，消除内应力。

3. 球化退火

球化退火是使钢中的碳化物球化，获得粒状珠光体的一种热处理工艺。实际上它属于不完全退火的一种退火工艺，主要目的是为了降低硬度，改善机加工性能，以及获得均匀的组织，改善热处理工艺性能，为以后的淬火作准备。图 7.36 为 T10 钢球化退火后的显微组织，其中白色基体为铁素体，白色颗粒状为渗碳体。

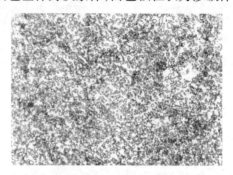

图 7.36 T10 钢球化退火后的显微组织（800×）

4. 均匀化退火

均匀化退火又称扩散退火，是将钢锭、铸件或锻坯加热至略低于固相线的温度下长时间保温，然后缓慢冷却以消除化学成分不均匀现象的热处理工艺。主要目的是消除铸锭或铸件在凝固过程中产生的枝晶偏析及区域偏析，使成分和组织均匀化。

5. 去应力退火

去应力退火是将工件加热至 Ac_1 以下某个温度（一般为 500～600℃），保温一定时间后缓慢冷却，冷至 200～300℃后出炉并空冷至室温的一种热处理工艺。目的是为了消除铸、锻、焊、冷冲件中的残余应力，以提高工件的尺寸稳定，防止变形和开裂。

6. 再结晶退火

再结晶退火是将冷变形后的金属加热到再结晶温度以上，保温适当时间后使变形晶粒重新转变为新的等轴晶粒，同时消除加工硬化和残余应力的热处理工艺。

7.4.2 正火

正火是将钢加热到 Ac_3（亚共析钢）或 Ac_{cm}（过共析钢）以上适当的温度，保温一定时间，使钢完全转变为奥氏体后进行空冷，以得到珠光体类型组织的一种热处理工艺。图 7.37、图 7.38 分别为 50 钢、T10 钢正火后获得的显微组织。

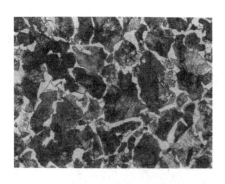 

图 7.37　50 钢 780℃ 空冷后的显微组织(500×)　　图 7.38　T10 钢 780℃ 空冷后的显微组织(500×)

其中图 7.37 的显微组织主要为珠光体和铁素体,而图 7.38 的显微组织主要为珠光体、铁素体和未溶解的颗粒状碳化物。

正火与完全退火相比,两者的加热温度相同,但正火的冷却速度较快,转变温度较低。因此,亚共析钢正火后析出的铁素体量较退火时少,而珠光体量较多,且它的片间距较小。图 7.39(a)、(b)为 20 钢退火组织与正火组织的比较。正火状态的组织,白色的铁素体比退火后的晶粒小且数量少,这是由于在空冷时冷却较快,铁素体不能充分析出的缘故。所以在金相显微分析时,不能像退火组织那样,以珠光体的含量来近似计算钢的碳质量分数。

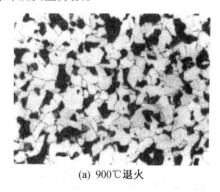 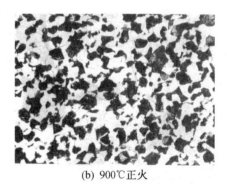

(a) 900℃退火　　　　　　　　　　　(b) 900℃正火

图 7.39　20 钢在不同冷却速度下的组织(400×)

对于过共析钢,正火可抑制先共析网状渗碳体的析出。网状渗碳体消除的好坏,对球化好坏及淬火质量有很大的影响。网状消除程度、碳素工具钢可参照冶标 YB5-59 五种级别图来评定,一般规定 1~3 级为合格。当原始组织不良,网状碳化物 ≥4 级,即有半网、不完全封闭或是封闭的网状时,要先经正火,再做球化退火。

应该指出,正火温度对组织影响较大,合适的温度才能得到细小晶粒。温度过低作用不大;温度过高,正火后晶粒粗大,并会重新出现魏氏组织。

7.4.3　淬火及其组织

将钢加热至临界点 Ac_3 或 Ac_1 以上温度,保温后以大于临界冷却速度的速度冷却得到马氏体(或下贝氏体)为主的组织,此热处理工艺称为淬火。淬火后,钢的强度、硬度及耐磨性都得到显著的提高。

碳质量分数相当于亚共析成分的奥氏体淬火后得到马氏体。马氏体组织为板条状或针状,20 钢经淬火后得到板条状马氏体,如图 7.40 所示。45 钢经正常淬火后将得到细针状马氏体和板条状马氏体的混合组织,如图 7.41 所示。由于马氏体针非常细小,故在显微镜下不易分清。50 钢加热至 860℃后油淬,得到的组织将是灰色区的马氏体、沿晶界析出的黑色屈氏体以及羽毛状的上贝氏体组成的混合组织,如图 7.42 所示。

图 7.40　20 钢淬火组织(500×)　　　图 7.41　45 钢淬火组织(400×)

碳质量分数相当于共析成分的奥氏体,正常淬火后得到马氏体以及极少量的残余奥氏体和贝氏体,等温淬火后得到贝氏体。图 7.43 为 T8 钢加热至 780℃,保温后淬火的显微组织,其中灰白色基体为马氏体,极少量残余奥氏体,黑色短片阔叶状组织为贝氏体。图 7.44 为 T8 钢在 990℃保温,360℃盐浴等温后水冷的显微组织,该组织为羽毛状的上贝氏体。图 7.45 为 T8 钢在 990℃保温,280℃等温后水冷的显微组织,该组织为针状的下贝氏体。

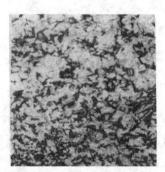

图 7.42　45 钢油淬组织(500×)　　　图 7.43　T8 钢加热至 780℃保温后淬火的
　　　　　　　　　　　　　　　　　　　　　　　显微组织(500×)

图 7.44　T8 钢在 990℃保温 360℃盐浴等温后水　图 7.45　T8 钢在 990℃保温,280℃ 等温后水冷
　　　　　冷的显微组织(1 300×)　　　　　　　　　　　　的显微组织(500×)

　　碳质量分数相当于过共析成分的奥氏体淬火后,除得到针状马氏体外,还有较多的残余奥氏体。T10 碳钢在正常温度淬火后将得到细小针状马氏体加部分未熔入奥氏体中的渗碳体和少量残余奥氏体,如图 7.46 所示。但是当把此钢加热到较高温度淬火时,显微镜组织中出现粗大针状马氏体,并在马氏体针之间看到亮白色的残余奥氏体,如图 7.47 所示。

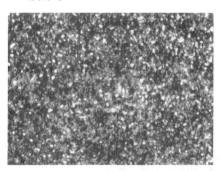

图 7.46　T10 钢 760℃加热保温后淬火组织(500×)　图 7.47　T10 钢 1000℃淬火组织(1 600×)

　　淬火零件一般都希望得到细小的马氏体组织,如果淬火温度控制不当,加热温度过高或在高温下加热时间过长,会引起奥氏体粗化,淬火后得到粗针状马氏体。40MnB钢正常淬火和过热淬火显微组织如图 7.48 所示。评定淬火过热的标准是按淬火后晶粒的大小(例如高速钢)或按淬火后马氏体针长短来确定的。由于一般淬火后晶粒难以显示清楚,常以马氏体针长短为准。

　　淬火钢在实际淬火操作时,常出现因欠热及冷速不足而产生淬火缺陷。工具钢因淬火冷速不足引起的缺陷,表现在淬火马氏体中出现屈氏体。T8 钢 990℃保温,缓慢淬入盐水中的显微组织,如图 7.49 所示。其中淬火屈氏体沿原奥氏体晶界形成,易腐蚀,呈黑色团絮状,白色基体是高碳马氏体。而结构钢,常因欠热而在淬火组织中出现铁素体。40Cr 淬火后经 660℃回火后显微组织,如图 7.50 所示,其中基体为回火索氏体,白色块状为铁素体。由于有铁素体存在,零件淬火后的硬度、强度特别是疲劳强度会显著降低。

　　淬火钢的金相级别有的分 10 级,有的分 13 级不等,主要根据马氏体针的粗细以及

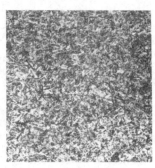 

(a) 正常淬火 (500×)　　　　(b) 过热淬火 (500×)

图 7.48　40MnB 淬火显微组织

是否含铁素体组织来划分,凡是过热组织或欠热组织都是不希望出现的金相组织。

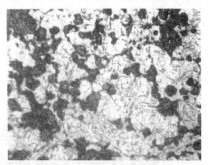 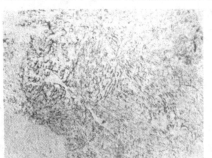

(a) 4% 硝酸酒精溶液浸蚀,　　　(b) 条件同 (a),透射电镜照片,(a) 中
光学显微照片 (400×)　　　　淬火屈氏体的形貌 (1 900×)

图 7.49　T8 钢淬火冷速不足得到的显微组织

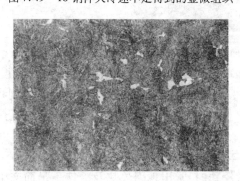

图 7.50　40Cr 淬火后经 660℃ 回火的显微组织 (250×)

7.4.4　回火及其组织

回火是将淬火钢在 A_1 以下温度加热,使其转变为稳定的回火组织,并以适当方式冷却到室温的工艺过程。本质是淬火马氏体的分解以及碳化物的析出、聚集、长大的过程。

1.回火组织种类

淬火钢经不同温度回火后所得到的组织不同,通常按组织特征分以下三种。

(1)回火马氏体——淬火钢经低温回火(150~250℃)内脱熔沉淀析出高度弥散的碳化物质点,这种组织称为回火马氏体。回火马氏体仍保持针状特征,但容易浸蚀,故颜色比淬火马氏体深些,是暗黑色的针状组织,如图7.51所示。

(2)回火屈氏体——淬火钢经中温回火(350~500℃)得到在铁素体基体中弥散分布着微小渗碳体的组织,称为回火屈氏体。回火屈氏体中的铁素体仍然基本保持原来针状马氏体的形态,渗碳体则呈细小的颗粒状,在光学显微镜下不易分辨清楚,故呈暗黑色,如图7.52所示。

(3)回火索氏体——淬火钢高温回火(500~650℃)得到的组织称为回火索氏体,其特征是已经聚集长大了的渗碳体颗粒均匀地分布在铁素体基体上。回火索氏体中的铁素体已不呈针状形态而呈等轴状,在大于500倍的光学显微镜下,可以看到渗碳体微粒,如图7.53所示。

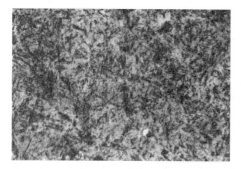

图7.51 回火马氏体(500×)

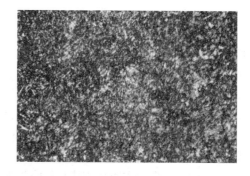

图7.52 回火屈氏体(1 000×)

图7.53 回火索氏体(500×)

2.回火脆性

随着回火温度的升高,淬火钢的强度、硬度降低,而塑性、韧性增加。但在许多钢中却发现,钢的韧性并非随回火温度的升高而连续提高,而是在某些温度范围内回火后,其韧性反而降低,这种现象称为回火脆性。

(1)低温回火脆性

低温回火脆性是淬火钢在250~400℃回火后出现韧性降低的现象。对于几乎所有的工业用钢中,回火脆性都是存在的。一般认为,低温回火脆性是由于马氏体分解时沿马氏体条或片状界面析出断续的薄壳状碳化物,降低了晶界的断裂强度,使之成为裂纹扩展的路径,因而导致了脆性断裂。

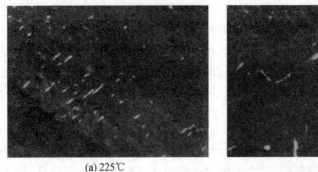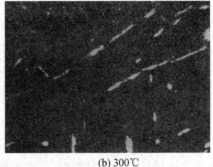

(a) 225℃　　　　　　　　　　　　　(b) 300℃

图7.54　低碳钼钢不同温度回火后碳化物的暗场透射电镜照片

在利用透射电镜对淬火后低碳钼钢(0.28C-4.98Mo-0.64Mn)进行不同温度的回火试验中,证明低温回火脆性可能与晶界或亚晶界上析出连续碳化物薄片有关。图7.54(a)、(b)分别为低碳钼钢在225℃、300℃回火后的透射电镜照片。从这两幅图中可以看出,225℃回火时,细小碳化物在马氏体条内均匀析出,而在300℃回火时,在马氏体条之间的界面上出现连续分布的碳化物薄片。

(2)高温回火脆性

高温回火脆性是指含有 Cr、Ni、Mn 等合金元素的合金钢淬火后,在 450～650℃回火后产生韧性降低的现象。

引起高温回火脆性的原因主要是杂质元素 P、Sn、Sb、As 等在高温回火时偏聚在原奥氏体晶界上,从而降低晶界的断裂强度而引起的。

具有回火脆性的钢与无回火脆性的钢用硝酸酒精浸蚀,组织上显示不出明显的差别。但用试剂 A(苦味酸 10g、二甲苯 100 mL、酒精 10 mL)或试剂 B(苦味酸乙醚)等浸蚀剂,可将有回火脆性钢的晶界显示出来。图 7.55 为无回火脆性的组织,图 7.56 为有回火脆性的组织。两者浸蚀剂相同,后者在显微镜下晶界呈黑线,而在扫描电镜下观察晶界是沟槽。

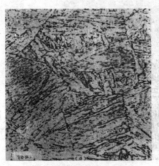

(a) 光学金相组织(500×)　　　(b) 扫描电镜组织(1 700×)

图 7.55　无回火脆性的组织

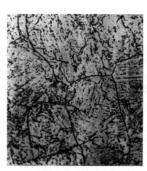 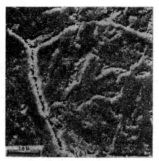

(a) 光学金相组织 (500×)   (b) 扫描电镜组织 (1 700×)

图 7.56 已发生回火脆性且经特殊试剂浸蚀的组织

第8章 有色金属及合金的金相显微分析

8.1 铝及铝合金的显微组织

铝及铝合金由于具有低密度、良好的塑性、高的导电与导热性、较好的抗蚀性能、良好的可加工成型性和铸造性等优点,尤其是通过合金化、热处理、加工硬化等手段可以显著提高铝合金的强韧性,并使它们的比强度和比刚度远远超过一般的合金结构钢,因此在工业上得到了广泛的应用,是航空航天工业不可缺少的材料。

铝及铝合金显微组织分析是评价铝及铝合金在制备与加工过程中形成产品质量好坏的标准。一些不良的组织如铸造铝硅合金中的针状共晶硅、铸造铝合金中的针孔及各类宏观缺陷、加工缺陷、锻造及形变,铝合金热处理过程中产生的过热过烧组织等。这些不良组织都会严重恶化铝合金的性能,必须通过显微组织分析来判定相应制品的质量,探讨各种缺陷的形成原因,以改进工艺,提高制品的质量,因而铝及铝合金的金相显微组织分析是非常重要的。

铝及铝合金按其特性可分为纯铝、铸造铝合金和变形铝合金。

8.1.1 纯铝

纯铝的最大特点是密度小,为 2.7 g/cm^3,是铁的 $1/3$;熔点低,为 660℃;具有优良的塑性、高的导电性和导热性,以及良好的抗氧化性,铝制件在空气中表面形成一层致密的氧化膜,可起到抗蚀作用。纯铝分为高纯度铝和工业纯铝两种。高纯度铝的组织为单相固溶体 $\alpha(\text{Al})$。在工业纯铝中因含有铁硅等杂质元素,因而可能出现 FeAl_3 相、$T_1(\text{Al}_{12}\text{Fe}_3\text{Si})$ 相和 $T_2(\text{Al}_9\text{Fe}_2\text{Si}_2)$ 相。其抛光态及经 0.5% HF 水溶液浸蚀后的组织特征简述见表 8.1。

表 8.1 各种相在抛光态及 0.5% HF 浸蚀后的组织特征

相	抛光态	0.5% HF 水溶液浸蚀后
FeAl_3	针片状,浅灰色	时间短基本不变色,时间长略呈棕色
$T_1(\text{Al}_{12}\text{Fe}_3\text{Si})$	亮灰色,初晶呈多角形,与 $\alpha\text{-Al}$ 形成共晶时为文字状	不变色
$T_2(\text{Al}_9\text{Fe}_2\text{Si}_2)$	粗大针状或细针条状、短栅状,灰色具有钢光泽	呈棕色

在实际生产中,工业纯铝中铁硅含量较低,因此一般情况下,$T_2(\text{Al}_9\text{Fe}_2\text{Si}_2)$ 不会出现,但经常可看到 $T_1(\text{Al}_{12}\text{Fe}_3\text{Si})$ 相和 FeAl_3 相。铸造形态的 $T_1(\text{Al}_{12}\text{Fe}_3\text{Si})$ 常以共晶组

织出现,呈骨骼状。

8.1.2 铸造铝合金

合金的铸造性能主要是指流动性、收缩率、冷热裂纹倾向的大小、与氧气的作用、形成气孔的倾向等,所以优良的铸造铝合金除具有所要求的力学性能和耐蚀性外,还应具有良好的铸造性能。在其组织中应含有一定量的低熔点共晶体以提高流动性,改善合金的铸造性能。

常用铸造合金有 Al-Si、Al-Mg、Al-Cu 及 Al-Zn 等系列。

1. Al-Si 系合金

Al-Si 系合金是铸造铝合金中应用最广的一类合金,以铝硅二元合金为基础。最简单的铝硅合金为 ZL102,硅的质量分数为 11%~13%,为共晶成分。其平衡组织为α固溶体和粗针状的硅晶体组成的共晶体(α+Si),以及少量块状的初晶硅,如图 8.1(a)所示。由于共晶硅呈粗针状,合金强度和塑性都很低,所以在浇注前加入微量钠或钠盐进行变质处理。经过正常变质处理后,其显微组织为树枝状初晶α固溶体和细小共晶体(α+Si)组成,如图 8.1(b)所示。

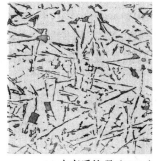 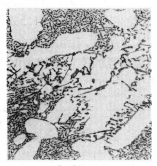

(a) 未变质处理(100×)　　　(b) 变质处理(300×)

图 8.1 ZL102 的铸态组织

此外,铝硅合金中常含有杂质元素如 Fe、Cu、Mn、Zn 等,其中以 Fe 为常存有害杂质,会形成 $T_1(Al_{12}Fe_3Si)$ 和 $T_2(Al_9Fe_2Si_2)$ 等含铁相,其显微组织如图 8.2 所示。其中呈浅灰色的为粗针 $T_2(Al_9Fe_2Si_2)$ 相,骨骼状为 $T_1(Al_{12}Fe_3Si)$ 相,它们的存在损害合金的力学性能。铝硅合金中的杂质铁可以通过加入少量锰元素,使其生成块状 $Al_6(Mn-Fe)$ 而改善合金质量。

由于铝硅二元合金的力学性能较差,可通过添加各种合金元素得到多元的铝硅铸造合金,如 Al-Si-Mg 合金(ZL101、ZL104)、Al-Si-Cu-Mg 合金(ZL108、ZL109)等。在 Al-Si-Mg 合金中,除以上所提到的各相以外,还会出现 Mg_2Si 新相和($α+Si+Mg_2Si$)三元共晶组织。三元共晶是不平衡组织,是由不平衡冷却和成分偏析所引起。而在 Al-Si-Cu-Mg合金中,则会出现θ(Al_2Cu)、S(Al_2CuMg)、W($Al_xMg_5Cu_4Si_4$)等新相。由于硅在铝中的溶解度变化较小,故铝硅二元合金的热处理强化效果较差,但多元铝硅合金均可以通过热处理以析出弥散强化相的方法来提高性能。由于铸件中组织较粗

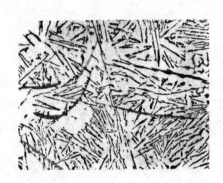

图 8.2　含 0.5% Fe 的 Al-Si 合金显微组织未浸蚀(250×)

大,且存在偏析和粗大化合物相,故铸件的固溶处理应保温足够长的时间,以保证充分固溶。

2. Al-Mg 系合金

Al-Mg 系铸造合金的最大特点是耐蚀性高,密度小(2.55×10^3 g/cm^3),强度和韧性较高,切削加工性好,表面粗糙度值低。该类合金的主要缺点是铸造性能差,容易氧化和形成裂纹。此外,工作温度不超过 200℃。牌号主要有 ZL301、ZL302。应用较广的是 ZL301,它含有 $w_{Mg} = 9.5\% \sim 11.5\%$、$w_{Fe} < 0.3\%$、$w_{Si} < 0.3\%$,其余为 Al。未热处理的显微组织如图 8.3 所示,该组织是由 α(Al) + β(Al_8Mg_5) 和少量的 Mg_2Si、Al_3Fe 相组成。其中白亮色显相界的不定形相是 β(Al_8Mg_5),黑色块状和分叉状相是 Mg_2Si、沿晶灰色密集点状为 Al_3Fe 相。

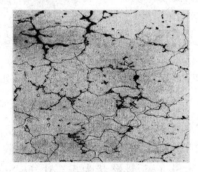

图 8.3　ZL301 显微组织(100×)

由于 β 相硬而脆,它的出现将使合金强度和塑性下降。所以 Al-Mg 合金可经过适当的固溶处理使 β 相固溶于 α 中成为过饱和固溶体,其固溶后组织由 $\alpha + Mg_2Si$ 组成。此外,铝镁合金常以淬火态使用,一般不时效,因时效会使 β 相重新析出而导致性能下降。

Al-Mg 合金的金相检验通常检查 β 相的粒度大小。粒度大,热处理保温时间就要求长些;另外,该合金铸造性能较差,应注意是否有裂纹产生。

3. Al-Cu 系合金

Al-Cu 系合金是应用最早的一种铸造合金,其最大特点是耐热性高,因此适宜铸造高温铸件,但合金铸造性能和耐蚀性能差。常用铸造铝合金有 ZL201、ZL202、ZL203 三种,现以 ZL201 为例进行分析。

ZL201 合金成分为：$w_{Cu} = 4.5\% \sim 5.3\%$、$w_{Mn} = 0.6\% \sim 1.0\%$、$w_{Ti} = 0.15\% \sim 0.35\%$、$w_{Fe}$、$w_{Si} < 0.3\%$、$w_{Mg} < 0.05\%$。其中加入 Ti 的目的是为了细化晶粒，改善铸态组织；Mn 可保证合金在结晶过程中获得过饱和固溶体。图 8.4 是 ZL201 合金经 0.5% HF 水溶液的铸态显微组织。其组织由 θ(Al_2Cu)、T($Al_{12}Mn_2Cu$)、Al_3Ti 和 α(Al)等相组成。其中黑色相为 T($Al_{12}Mn_2Cu$)，枝晶间和晶界上分布着包含 θ(Al_2Cu)和 T($Al_{12}Mn_2Cu$)相的共晶体，由于组织细小，不易分辨，Al_3Ti 相呈灰色的杆状或块状。

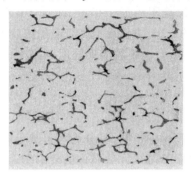

图 8.4　ZL201 铸态的显微组织（300×）

该合金由于含有强化相 θ(Al_2Cu)以及耐热强化效果更好的 T($Al_{12}Mn_2Cu$)相，所以该合金具有高的室温强度和良好的耐热性能，广泛应用于铸造内燃机汽缸头、活塞、增压器中的导风轮等。

4. Al-Zn 系合金

Al-Zn 系铸造合金的主要特点是具有良好的铸造性、可加工性、焊接性及尺寸稳定性。铸态下就具有时效硬化能力，故称为自强化合金。它的缺点是耐蚀性差。

常用的 Al-Zn 系铸造合金牌号有 ZL401 和 ZL402。

（1）ZL401 合金是含有少量 Mg 的 Al-Zn-Si 合金，成分为 $w_{Zn} = 9.0\% \sim 13.0\%$、$w_{Si} = 6.0\% \sim 8.0\%$、$w_{Mg} = 0.1\% \sim 0.3\%$，其余为 Al。ZL401 合金的压力铸造组织相当于淬火组织，因为全部的 Zn 和 Mg 在凝固时已溶入基体中，形成过饱和固溶体，使合金有较高的强度。在时效时，固溶体分解，析出沉淀强化相，使合金性能得到进一步提高。铸态下其显微组织如图 8.5 所示。该组织是由 α(Al)、Si、Mg_2Si 和 β($Al_9Fe_2Si_2$)等组成。经 20% H_2SO_4 水溶液浸蚀后，β($Al_9Fe_2Si_2$)呈黑色针状，Si 为黑色。

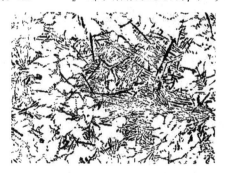

图 8.5　ZL401 压力铸造显微组织（100×）

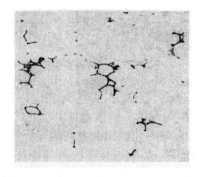

图 8.6　ZL402 砂型铸造显微组织（200×）

（2）ZL402 合金是添加少量 Cr 和 Ti 的 Al－Zn－Mg 合金，成分为 $w_{Zn} = 5.0\%$ ～ 6.5%、$w_{Mg} = 0.5\% \sim 0.65\%$、$w_{Cr} = 0.4\% \sim 0.6\%$、$w_{Ti} = 0.15\% \sim 0.25\%$，其余为 Al。Fe 和 Si 是合金中的主要杂质。砂型铸造时杂质 Fe 不大于 0.5%；金属型铸造时 Fe 不大于 0.8%，Si 不大于 0.3%。砂型铸造下其显微组织如图 8.6 所示。该组织中白色 $\alpha(Al)$ 固溶体为基，黑色骨骼状为 Mg_2Si 相，浅灰色为 $Al_{12}(CrFe)_3Si$。合金中加入 Ti 是为了细化晶粒，提高力学性能并改善铸造性能，加入少量的 Mg 和 Cr，使合金中形成 Zn_2Mg 和 $T(Al_2Mg_3Zn_3)$ 相，Cr 能阻碍原子扩散，减慢 Zn_2Mg 和 $T(Al_2Mg_3Zn_3)$ 相的析出，有效的减少两相在晶界的分布，可显著提高合金的抗应力腐蚀和力学性能。

与 ZL401 合金一样，ZL402 合金不需淬火处理，铸造后进行人工时效或自然时效提高合金机械性能。

8.1.3　变形铝合金

变形铝合金根据热处理特性的不同，可分为不可热处理强化的变形铝合金和可热处理强化的变形铝合金。其中不可热处理强化的变形铝合金又称为防锈铝合金，主要包括 Al－Mn 系防锈铝合金、Al－Mg 系防锈铝合金；可热处理强化变形铝合金主要包括硬铝合金、超硬铝合金和锻造铝合金三类。

1. 不可热处理强化的变形铝合金

（1）Al－Mn 系防锈铝合金

Al－Mn 系防锈铝合金是目前应用最多的防锈铝合金，主要特点是强度较低，塑性较好，耐蚀性和焊接性能优良。它的主要牌号是 3A21（LF21），它是 $w_{Mn} = 1.0\%$ ～ 1.6% 的二元 Al－Mn 合金。退火处理后平衡组织为 $\alpha(Al)$ 及 Al_6Mn，如图 8.7（a）所示，其中析出的 Al_6Mn 均匀分布在 α 固溶体基体上；图 8.7（b）为 LF21 合金轧制后板材的金相组织，经 NaOH 水溶液浸蚀后出现了沿压延方向的沿晶腐蚀沟和腐蚀坑。

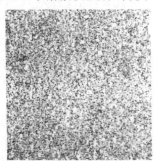 

(a) 退火处理（400×）　　　　(b) 轧制板材（100×）

图 8.7　LF21 合金的金相组织　NaOH 水溶液浸蚀

（2）Al－Mg 系防锈铝合金

Al－Mg 系防锈铝合金中的镁质量分数均小于 7%，该合金的主要性能特点是密度小、塑性高、强度较低、耐蚀性和焊接性能优良。主要牌号有 5A02（LF2）、5A03（LF3）、5A05（LF5）及 5A06（LF6），现在以 LF6 为例进行分析。其退火后显微组织如图 8.8（a）

所示。从图中可看出,在α(Al)固溶体基体上均匀分布着细小的β(Al$_8$Mg$_5$)相质点,黑色骨骼状是 Mg$_2$Si 相,灰色和浅灰色块状为 Al$_6$Mn 与 Al$_6$(FeMn)相。由于存在未完全破碎的骨骼状 Mg$_2$Si 相,使力学性能和抗蚀性能恶化。图 8.8(b)为 LF6 合金在偏光照明下显微组织,其组织已发生完全再结晶。

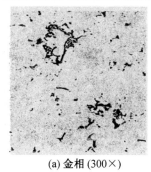 

(a) 金相 (300×)　　　　(b) 偏光照明 (210×)

图 8.8　退火态 LF6 合金的显微组织

2. 可热处理强化变形的铝合金

(1)硬铝合金

硬铝是 Al-Cu-Mg 系的时效硬化型合金,一般还加有少量的锰,又称杜拉铝。其中的铝与镁及铜形成的 S(Al$_2$CuMg)相和θ(Al$_2$Cu)相起主要的沉淀硬化作用,而锰则提高固溶体强度和改善抗蚀性。常见的硬铝合金有 LY10、LY12。现在以 LY12 为例进行分析。该合金由于非平衡冷却及偏析的影响,在铸态组织中α枝晶处可能出现(α+S)、(α+θ)、(α+θ+S)等二元及三元共晶组织,以及 Al$_6$(FeMn)、Al$_6$(FeMnSi)、Al$_6$(Cu$_2$Fe)、Mg$_2$Si 等杂质相,如图 8.9(a),图中 1 为(α+θ+S)共晶,2 为(α+θ)共晶。这些相在变形加工中被粉碎并呈条带状分布,如图 8.9(b)所示。

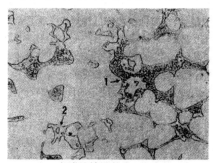 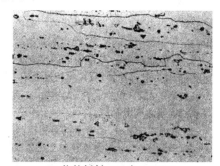

(a) 半连续铸造状态 (320×)　　　　　　　(b) 热轧板材 (CZ 态)(210×)
25%HNO3 水溶液浸蚀　　　　　　　　　　混合酸水溶液浸蚀

图 8.9　LY12 合金的金相组织

(2)超硬铝合金

超硬铝合金是在硬铝合金的基础上添加质量分数为 4% ~8% 的锌而获得的 Al-Zn-Mg-Cu 系合金,由于其硬度超过硬铝合金,故称为超硬铝合金。该合金强度高,但耐腐蚀性能较差。常见的合金牌号有 LC4、LC9。LC4 是超硬铝合金的代表性牌号,是使用最早最广泛的一种超硬铝合金。其化学成分为：$w_{Zn}=5.0\%\sim7\%$、$w_{Mg}=1.8\%\sim2.8\%$、$w_{Cu}=1.4\%\sim2.4\%$、$w_{Cr}=0.1\%\sim0.25\%$。合金中的相由 $\alpha(Al)$、$\theta(Al_2Cu)$、Mg_2Zn、$S(Al_2CuMg)$ 和 $T(Al_2Mg_3Zn_3)$ 等相组成。半连续铸造态 LC4 合金的典型金相组织，如图 8.10(a) 所示；热压板材(CS 态)的组织，如图 8.10(b) 所示。

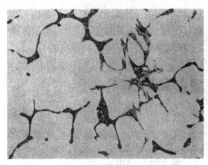 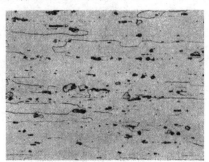

(a) 半连续铸造状态　　　　　　　　(b) 热轧板材 (CZ 态)

图 8.10　LC4 合金的金相组织(210×)混合酸水溶液浸蚀

(3) 锻造铝合金

该合金具有良好的热塑性，适于生产各种锻件或模锻件，故称锻造铝合金。通常分为 Al–Mg–Si–Cu 系合金和 Al–Cu–Mg–Fe–Ni 系合金两类。

①Al–Mg–Si–Cu 系合金。该合金是在 Al–Mg–Si 系基础上加入 Cu 和少量 Mn 发展而来。代表性的合金牌号为 LD10。合金中常见的强化相有 $\theta(Al_2Cu)$、Mg_2Si、$S(Al_2CuMg)$ 等。图 8.11(a) 是半连续铸造 LD10 合金的金相组织，图中 1 为 Mg_2Si，呈多角形片状；2 为 Al_2Cu，呈浅红色；3 为 $S(Al_2CuMg)$ 相；4 是 $Al_6(FeMnSi)$ 相。图 8.11(b) 是热挤压+固溶时效后的 LD10 合金金相组织。经固溶处理后，强化相 Al_2Cu 和 Mg_2Si 大多数固溶，夹杂相 $Al_6(FeMnSi)$ 特征未变，残留 Al_2Cu 等圆角化。由于固溶处理后发生再结晶，所以腐蚀后显现晶界。

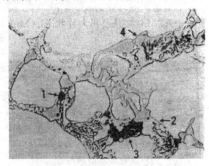 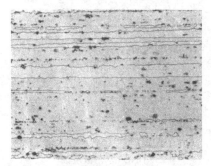

(a) 半连续铸造状态 (600×) 未浸蚀　　　(b) 热挤压 + 固溶时效 (200×) 混合酸水溶液

图 8.11　LD10 合金的金相组织(210×)混合酸水溶液浸蚀

②Al–Cu–Mg–Fe–Ni 系合金。该合金具有较高的耐热性，故称耐热锻铝合金。合金的耐热性主要是由于形成了耐热强化相 Al_9FeNi。代表性的牌号有 LD7。热轧后其显微组织如图 8.12 所示。该合金是由 $\alpha(Al)$、$AlCuFeNi$、Mg_2Si、$S(Al_2CuMg)$ 和 Al_9FeNi

等相组成。其中浅灰色块状为 Al_9FeNi,黑色点状为 Mg_2Si,暗灰色为 $S(Al_2CuMg)$,呈灰色椭圆型为 $AlCuFeNi$。

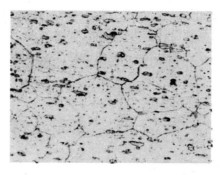

图 8.12　LD7 深腐蚀后显微组织照片(400×)

8.1.4　铝合金金相检验标准

1. 铸造铝合金金相检验标准

铸造铝合金的金相检验可以分别在抛光态和浸蚀态后进行,主要检验依据是原机械部标准 JB/T 7946—1999《铸造铝合金金相》,其中 JB/T 7946.1—1999 用于铸造铝硅合金的变质效果评定、JB/T 7946.3—1999 用于铝硅合金的热处理过烧组织评定、JB/T 7946.3—1999 用于铸造铝铜合金晶粒度评定等。此外,金相检验也包括显微疏松的观察。

2. 变形铝合金金相检验标准

变形铝合金金相检验主要依据是 GB/T 3246.1—2000《变形铝及铝合金制品显微组织检验方法》,该标准主要用于变形铝及铝合金材料、制品的显微组织检验,包括铸锭的显微组织检验、加工制品淬火及退火试样检验、高温氧化、包覆层、铜扩散和晶粒度检验等。

8.2　铜及铜合金的显微组织

铜及铜合金具有优良的导电、导热性能,足够的强度、弹性和耐磨性,良好的耐腐蚀性能,在电气、石油化工、船舶、建筑、机械等行业中得到了广泛的应用。

铜及铜合金金相显微组织分析是保证其制品高效应用的前提,是获得良好性能的关键,因此对铜及铜合金的显微组织分析是必要的。

铜及其合金按成分可分为纯铜、黄铜、青铜和白铜。

8.2.1　纯铜

纯铜又称紫铜,密度为 8.9 g/cm^3,熔点 1 083℃。纯铜具有良好的导电性和导热性,在大气、淡水和冷凝水中有良好的耐蚀性。纯铜可分为工业纯铜和无氧铜。其中工业纯铜按其含氧量可分为 T1、T2、T3、T4。

纯铜 T2 的金相组织如图 8.13 所示。其组织由α铜晶粒组成,并且晶粒之间存在明显的位相差。纯铜在铸态下低倍组织多为粗大而发达的柱状晶,高倍下为单晶铜晶粒。纯铜经冷加工变形后,晶粒沿轧制方向分布,如图 8.14 所示。经再结晶退火后,得到等轴晶粒;由于铜为面心立方晶系,加工退火后易产生孪晶,故其组织为等轴晶,伴有相当数量的孪晶,如图 8.15 所示。

图 8.13 纯铜 T2 的金相组织(120×)
　　　　硝酸高铁酒精溶液浸蚀

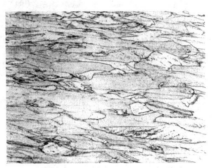

图 8.14 纯铜 T2 轧制变形后的显微组织(200×)
　　　　硝酸高铁酒精溶液浸蚀

纯铜中含有各种杂质元素会使它的特性改变。如含氧和磷等,使铜的导电性能下降,塑性变差。氧在铜中一般以 Cu_2O 形式存在,铸态时与铜组成($Cu+Cu_2O$)共晶体,分布在铜的晶界上,如图 8.16 所示;磷常用来脱氧,残留的磷以细小的 Cu_3P 质点分布在基体上,如图 8.17 所示;也以($Cu+Cu_3P$)共晶分布于晶界上,如图 8.18 所示。

图 8.15 纯铜 T2 再结晶退火后显微组织(120×)
　　　　硝酸高铁酒精溶液浸蚀

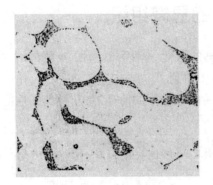

图 8.16 含氧铜中的($Cu+Cu_2O$)共晶体
　　　　(1000×)未浸蚀

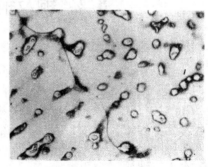

图 8.17 纯铜中的 Cu_3P 质点分布(1000×)
　　　　氯化高铁水溶液浸蚀

图 8.19 为在氢气保护下 840℃×20 min 退火→150℃左右出炉氧化着色后 1 号无氧铜（TU1）的显微组织。由于试样纯度较高，含氧极低，高温退火后晶粒急剧长大，出炉后瞬间在大气中氧化。因不同晶粒及孪晶带的取向不同，致使氧化膜的厚度也不同，从而显示绚丽不同的色彩。

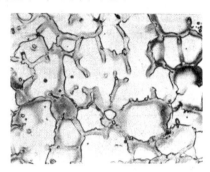 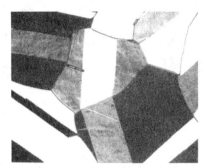

图 8.18　纯铜中的（Cu+Cu₃P）共晶体（200×）　　图 8.19　一号无氧铜（TU1）退火处理后的显微
　　　　　氯化高铁水溶液浸蚀　　　　　　　　　　　　　　 组织（200×）
　　　　　　　　　　　　　　　　　　　　　　　　　　　　 未浸蚀氧化着色（试样经电解抛光）

纯铜的金相显微组织分析主要考察铸态铜中的杂质相、形变铜的变形情况及退火后组织的晶粒度。

8.2.2　黄铜

以锌作为主要合金元素的铜合金称为普通黄铜。除此之外，如果再加入其他合金元素，如铝、铅、锰、硅等就形成了多种类型的特殊黄铜。

1. 普通黄铜

普通黄铜按其退火组织可分为α黄铜、（α+β）黄铜和β黄铜。

（1）α黄铜

α黄铜又称单相黄铜。它的塑性很好，可以进行冷、热压力加工，适宜制造冷轧板材、冷拉线材等。常用的α黄铜典型牌号有 H90、H80、H70 等。单相α黄铜的铸态组织具有明显的树枝晶及偏析特征，枝轴含铜量较高，难浸蚀，在显微镜下色泽发亮；枝间含锌量较高，易浸蚀，色泽发暗，如图 8.20 所示。经变形和再结晶退火后可得到退火孪晶的多边形晶粒，如图 8.21 所示。

（2）（α+β）黄铜

（α+β）黄铜又称双相黄铜。双相黄铜一般轧成棒材、板材，再经切削加工制成各种零件，该合金适宜热加工。其典型牌号有 H59、H62。铸态（α+β）两相黄铜在凝固过程中首先析出β晶粒，冷却时由β相中析出α相，两相之间存在位向关系，常表现为魏氏组织的特征。冷速越快，α相越细。用三氯化铁盐酸水溶液浸蚀时，α相因为含铜量较高不易腐蚀，明场下呈白亮色，β相易受腐蚀，颜色较深，如图 8.22 所示。经热变形后，其组织为具有带状分布特点的α相和β相，其中α晶粒内有孪晶，如图 8.23 所示。

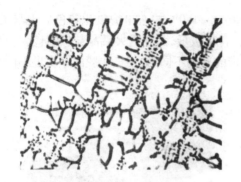

图 8.20　H90 黄铜的铸态组织(120×)
　　　　　氯化高铁酒精浸蚀

图 8.21　H90 黄铜变形退火组织(150×)
　　　　　氯化高铁酒精浸蚀

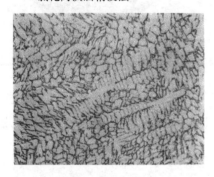

图 8.22　H62 黄铜的金相显微组织(100×)
　　　　　氯化高铁酒精浸蚀

图 8.23　热轧 H62 黄铜的金相组织(120×)
　　　　　氯化高铁酒精浸蚀

（3）β黄铜

β黄铜由于其强度和塑性都很低,无实用价值,因此工业用黄铜的含锌量一般不超过 50% 。图 8.24 为 $w_{Zn} = 50\%$ 的β单相黄铜的组织,具有粗大的树枝晶。含锌量增至51%,铸造激冷时会形成大量的星形γ相,如图 8.25 所示。

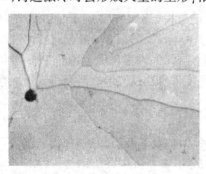

图 8.24　含 50%Zn 的β单相黄铜显微组织(50×)
　　　　　氯化高铁酒精浸蚀

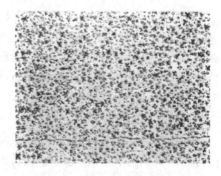

图 8.25　含 51%Zn 的β单相黄铜显微组织(100×)
　　　　　氯化高铁酒精浸蚀

2. 特殊黄铜

在二元黄铜的基础上添加 Al、Fe、Si、Mn、Pb、Sn 等元素形成特殊黄铜。按添加元素不同分为铝黄铜、锰黄铜、铁黄铜、铅黄铜、锡黄铜、硅黄铜等。

（1）铝黄铜

铝能提高黄铜的屈服和抗拉强度及耐蚀性，但降低合金的塑性。铝黄铜的金相组织可以用锌当量的办法来折算铝的作用，如 ZH77-2 铝黄铜，其锌当量质量分数折算为28.7%，故为单相α组织，如图 8.26 所示，其中树枝状晶内偏析的α单相固溶体，灰色枝晶间为富锌富铝区；又如 ZH67-2.5 铝黄铜，其锌当量位于两相区，故其组织为（α+β）两相黄铜。当铝含量较高时，其组织不能用锌当量的办法来分析，如铝质量分数为4%的 Cu-Zn-Al 合金，组织中将出现脆性的γ相。图 8.27 为 HAl59-3-2 的铸态组织，其基体为β相，星花状及颗粒状为γ相。

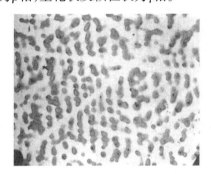 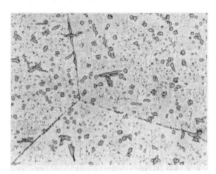

图 8.26　半连续铸造态 ZH77-2 铝黄铜　　　　图 8.27　HAl59-3-2 的铸态组织（270×）
　　　　　　显微组织（70×）

（2）锰黄铜

在黄铜中加入锰可获得良好的力学性能、耐蚀性、工艺性能，常用于铸造船用螺旋桨等重型零件。其组织和普通黄铜相同；典型锰黄铜 HMn58-2-2 的显微组织为（α+β），如图 8.28 所示。其中灰黑色基体为β相，白色条状为α相。

（3）铁黄铜

在黄铜中加入铁可提高合金的强度，并使合金具有较高的韧性、耐磨性和抗蚀性。同时铁元素能作为α固溶体的核心，起到细化晶粒的作用。常用的铁黄铜如 HFe59-1-1 显微组织为α+β+Fe，如图 8.29 所示。其中灰黑色基体为β相，白色条状为α相，黑色颗粒为 Fe 相。

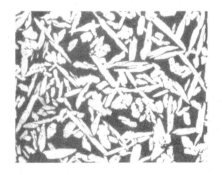 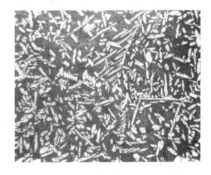

图 8.28　半连续铸造态 HMn58-2　　　　　图 8.29　铸态 HFe59-1-1 铁黄铜
　　　　　锰黄铜显微组织（200×）　　　　　　　　显微组织（100×）

（4）铅黄铜

在黄铜中加入铅可以提高合金的耐磨性和切削性能。铸态时铅质点分布于枝晶间，变形加工后一般以细小粒子的形态均匀分布于合金中，如模锻成型后 HPb59-1 铅黄铜纵向显微组织为α+β+Pb，如图8.30所示。其中白色条状为α相，灰色基体为β相，细点状颗粒为 Pb 相。

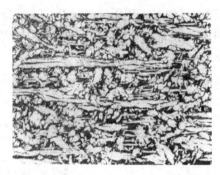

图8.30　模锻成型后 HPb59-1 铅黄铜纵向显微
组织（100×）

（5）锡黄铜

锡黄铜又称海军黄铜，即在黄铜中加入质量分数为 0.5% ~ 1.5% 的锡，能显著地提高合金在海水中的耐蚀性，特别适用于航海造船工业。HSn70-1 和 HSn62-1 锡黄铜分别为α黄铜和（α+β）两相黄铜，其显微组织分别如图8.31和图8.32所示。后者在500℃附近缓冷或退火时，β相发生分解，出现细小白亮的α相，此时组织为α+β+γ。

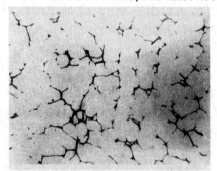

图8.31　铸态 HSn70-1 锡黄铜
显微组织（120×）

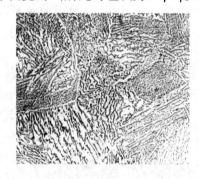

图8.32　半连续铸态 HSn62-1 锡黄铜
显微组织（70×）

（6）硅黄铜

在黄铜中加入硅可提高合金的机械性能、耐腐蚀性、铸造性等，并具有良好的切削性和可焊性。常用硅黄铜 HSi80-3 的显微组织为（α+β），如图8.33所示。其中基体为α相，树枝状排列的白色块状为β相。

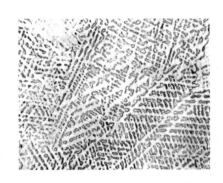

图 8.33 铸态 HSi80-3 硅黄铜显微组织(100×)

8.2.3 青铜

青铜原指铜与锡的合金,现已泛指除紫铜、黄铜、白铜以外的各类铜合金,包括普通青铜(锡青铜)和特殊青铜(铝青铜、铍青铜等)。

1. 锡青铜

以锡为主加元素的铜合金称为锡青铜。锡青铜牌号主要有 ZQSn3-12-5、ZQSn6-6-3 及 ZQSn4-3、ZQSn6.5-0.1 等。锡青铜的实际组织与平衡状态相差很大。随着锡含量的不同,锡青铜组织可分为α及(α+δ)两类。α是锡在铜中的固溶体,δ是复杂的立方晶格 $Cu_{31}Sn_8$。当锡质量分数小于 5% ~6% 的锡青铜,铸态为树枝状的α固溶体,如图 8.34 所示;当锡含量质量分数大于 7% 时,在铸态时就不容易获得α固溶体,且由于 δ($Cu_{31}Sn_8$)相必须在极缓慢冷速下才会分解成[α+ε(Cu_3Sn)]共析组织,故其铸态组织为树枝状α固溶体及(α+δ)共析组织。常用如 QSn10,含 10% Sn,铸态组织为树枝状α固溶体及(α+δ)共析体,如图 8.35 所示。其中树枝状α固溶体中树干部分为贫锡区,用氯化铁酒精溶液浸蚀时呈白色,外围部分为富锡区,浸蚀时呈黑色,树枝间白亮部分为(α+δ)共析组织。用 8% 氨水腐蚀时则相反:含铜高的树干部分呈暗黑色,含锡高的树枝外围及枝间共析体均呈亮白色。

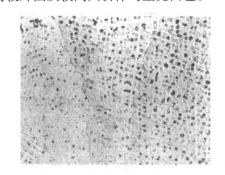

图 8.34 铸态下含 5% Sn 的 Cu-Sn 金相组织(100×)

图 8.35 半连续铸造 QSn8-0.4 合金的金相组织(120×)

2. 铝青铜

以铝为主加元素的铜合金称为铝青铜。其力学性能和抗蚀性较好,是铜合金中应用较普遍的一种合金。常见的牌号有 QAl5、QAl7、QAl9 – 4 及 QAl10 – 3 – 1.5 等。工业铝青铜中主要出现α、β、γ₂三种相。α相是铝在铜中的固溶体，γ₂相是以 Cu_9Al_4 为基的固溶体，具有复杂体心立方晶格，β相是以电子化合物 Cu_3Al 为基的固溶体，具有面心立方晶格，在高温下稳定，565℃时发生共析转变，即β→α+γ₂。具有共析成分的合金可以将其加热至β相区温度后淬火，得到与钢中马氏体组织相似的亚稳定相β′。在显微镜下β′呈针状，显微组织如图 8.36 所示。铝青铜含铝量较低时，一般铸造冷速下得到单相α组织。铝质量分数为 8% ~9% 时，铸态组织中就会出现(α+γ₂)共析体，分布于α晶粒间，如图 8.37 所示。

图 8.36　铝青铜合金的淬火态组织(100×)

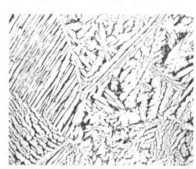

图 8.37　QAl9 – 2 合金的铸态组织(120×)

为进一步改善铝青铜的性能，通常再加入铁、锰、镍等合金元素。如常用的铝铁青铜 ZQAl9 – 4，其显微组织如图 8.38 所示。该组织由α+γ₂+Fe 组成，其中白色部分为α相，灰色部分为未分解的共析体，铁相因颗粒较小不能分辨。加入锰能抑制β相的分解，防止脆性γ₂相的出现。

3. 铍青铜

铍青铜是 $w_{Be} = 1.7\%$ ~2.5% 的铜合金。该合金具有较高的强度、较高的弹性

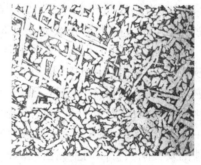

图 8.38　铸态 QAl9 – 4 铝铁青铜的显微组织(120×)

极限、良好的耐磨性与抗蚀性、优异的导电性、导热性及无磁性等优点，广泛应用于各种精密仪器、仪表的重要元件、耐磨零件上。工业铍青铜的主要牌号有 QBe2、QBe1.7 和 QBe1.9。铍在铜中的溶解度随温度的下降有较大的变化。α是铜在铍中的固溶体；γ₁(β)为无序的体心立方晶格；γ₂相是以 CuBe 化合物为基的体心立方有序固溶体。

铸造铍青铜合金中一般含有 Co 和 Ni，如 QBe2.0，铸态下显微组织如图 8.39 所示。该组织是由基体α+(α+γ₂)共析体组成，图中的(α+γ₂)共析体组织细密呈黑色分布于树枝状结晶的枝晶间。γ₂相是由液相中以包晶形式的γ₁相在冷却过程中发生共析转变而来。

加工铍青铜，如 QBe1.9，该合金在形变过程中其铸态组织被破碎，经过固溶处理及淬火后形成过饱和α铜固溶体。在随后的时效处理过程中，过饱和α铜固溶体中析出弥

散强化的γ_2相,但这种强化相在光学显微镜中难以辨别,只能用透射电镜观察。在光学显微镜下,经过时效后等轴晶粒的晶界上已有黑色的节瘤状析出物出现,晶内也有轻微的波纹状组织,如图8.40所示。

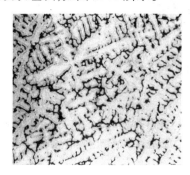

图8.39 QBe2.0合金的铸态组织(120×)　　图8.40 QBe1.9合金热处理组织(320×)
　　硝酸高铁酒精溶液浸蚀　　　　　　　　　　腐蚀:76% H_3PO_4电解腐蚀

8.2.4 白铜

以镍为主要合金元素的铜合金统称为白铜。白铜具有优异的耐蚀性和良好的力学性能,广泛用作高耐蚀和弹性构件等领域。常见的牌号有二元白铜合金B5、B10、B30,三元锌白铜BZnl5-20、BZn17-18等。

图8.41为铸态下二元白铜合金B30的金相显微组织。在室温下为单相α相,其铸态组织中α相呈明显的树枝状,枝干含镍量高,浸蚀后呈白亮色;枝晶间含铜较高,浸蚀后色泽较黑。为改善其加工性能,需对白铜进行均匀化退火处理,以消除枝晶偏析,退火后白铜的显微组织,如图8.42所示。

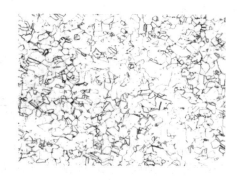

图8.41 半连续铸造B30合金显微组织(50×)　　图8.42 B30合金的退化组织(120×)
　　二氧化铜氨水溶液浸蚀　　　　　　　　　　硝酸高铁酒精溶液浸蚀

在铜镍二元合金的基础上再加入锌、铝等合金元素,分别得到锌白铜、锰白铜、铝白铜等。锌在铜镍合金中大量固溶,故一般的锌白铜仍为单相固溶体组织。图8.43为铸态下三元锌白铜BZnl5-20的金相显微组织。该组织也由树枝状偏析严重的α单相组成,并且其枝晶偏析也可通过均匀化退火而消除,如图8.44所示。

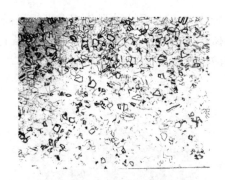

图 8.43 BZn15-20 合金的铸态组织(120×)　　图 8.44 BZn15-20 合金的退火组织(120×)
浸蚀剂:60% 磷酸电解(V:1.5~2 V,　　　　硝酸高铁酒精溶液浸蚀
1.3~5 s)

铝在铜镍合金中的固溶度不大,铝与镍生成 $Ni_3Al(\theta)$ 及 $NiAl_2(\beta)$ 相,这些相在基体中的固溶度随温度降低而急剧减小,故铝白铜可热处理强化。工业铝白铜平衡组织为 $\alpha+(\alpha+\theta)$ 共析体;淬火后为过饱和α单相固溶体;时效后,由α相中析出θ相,其显微组织如图 8.45 所示。

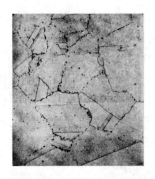

图 8.45 BAl13-3 合金的退火组织(450×)
硝酸高铁酒精溶液浸蚀

8.3　钛及钛合金的显微组织

钛及钛合金是航空、航天、船舶、化工工业重要的结构材料以及生物医学材料,由于具有比重小、比强度高、耐热性好、耐蚀性能优异等突出优点,近 30 年来发展极为迅速。与其他金属材料的研制、生产一样,钛及钛合金的金相显微分析是一个重要的环节。

8.3.1　纯钛

纯净的钛是银白色金属,具有银灰色光泽,密度为 4.51 g/cm^3,只相当于钢的 57%。钛的导热性差,只有铁的 1/5,加上钛的摩擦系数大,造成切削、磨削加工的困难。钛的弹性模量较低,屈强比较高,使得钛合金冷变形时回弹性大,不宜成形和校直。

钛具有同素异晶转变,在882.5℃以下为密排六方晶格的α-Ti;在882.5℃以上为体心立方晶格的β-Ti。鉴于此,纯钛在室温下的平衡组织随加工和热处理条件不同而异。在相变温度下,α-Ti之变形组织呈纤维状,如图8.46所示;退火组织为等轴晶粒,如图8.47所示。

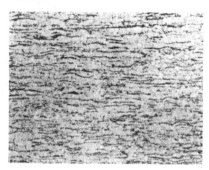

图8.46　纯钛的变形组织(240×)　　　　图8.47　纯钛的退火组织(240×)

钛中常见的杂质有 O、N、C、H、Fe、Si等元素。O、N、C 与 Ti 能形成间隙固溶体,显著提高钛的强度和硬度,降低其塑性和韧性。Fe、Si 等元素与 Ti 能形成置换固溶体,亦能起固溶强化作用。H 的危害最大,易形成 TiH,强烈降低钛的冲击韧度,增大缺口敏感性,并引起氢脆。图8.48 为含0.023%氢的纯钛显微组织,其中黑色针状的为 TiH。

图8.48　含0.023%氢的纯钛显微组织850℃退火1 h后空冷(240×)

8.3.2　钛合金

根据用途,工业上的钛合金可以分为结构钛合金、耐热钛合金、耐蚀钛合金。按其退火组织分为三类:α钛合金、β钛合金、α+β钛合金(还包括含有少量β相的近α合金)。

1. α钛合金(TA)

退火组织以α钛为基体的单相固溶体合金称为α钛合金。这类合金中的主要合金元素是α稳定元素和中性元素,如铝、锡、锆等。该合金的优点是焊接性好、组织稳定、抗腐蚀性高,缺点是强度不很高、变形抗力大、热加工性差。应用最广泛的α钛合金是TA7(Ti-5Al-2.5Sn),其显微组织基本上由α相所组成,α相呈等轴状、片状或针状。在α单相区压力加工和退火具有类似于工业纯钛的等轴α晶粒组织。此合金退火时如果加热温度超过了合金的α/α+β转变点(约为955℃)或超过了α+β/β转变点(约为1040℃),则随后无论炉冷或空冷,高温β相都会转变成具有魏氏组织特征的片状或针状α组织。炉冷时形成大的片状α组织,如图8.49所示,空冷时则形成细小的针状α组织,如图8.50所示。

图 8.49 TA7 钛合金经 1040℃×30 min 后炉冷
退火后的显微组织(250×)

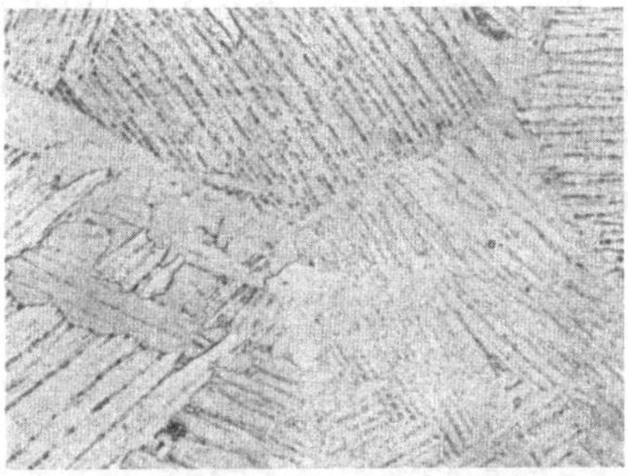

图 8.50 TA7 钛合金经 1040℃×30 min 后空冷
退火后的显微组织(250×)

2.(α+β)钛合金(TC)

退火组织为α+β相的合金称为(α+β)两相合金。其钛合金中同时加入了α稳定元素和β稳定元素。该合金的特点是常温强度、耐热强度及加工塑性比较好,但这类合金组织不够稳定、焊接性能差。其中,应用最多的(α+β)钛合金是 Ti-6Al-4V(TC4)。该合金的金相组织较复杂,归纳起来有:在β相区锻造或加热后缓冷的魏氏组织,如图8.51 所示;在两相区锻造或退火的双态组织,如图 8.52 所示或等轴组织,如图 8.53 所示;在(α+β)/α转变温度附近锻造和退火的网篮组织,如图 8.54 所示。

图 8.51 TC4 合金的魏氏组织(100×)

图 8.52 TC4 合金的双态组织(500×)

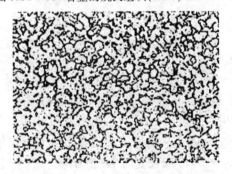

图 8.53 TC4 合金的等轴组织(100×)

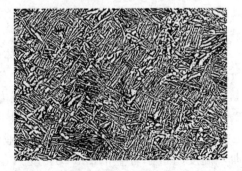

图 8.54 TC4 合金的网篮组织(500×)

此外,对于要求较高强度的零件可进行淬火和时效来提高合金强度。图 8.55 为 TC4 合金时效后的显微组织,其中α相呈块状或针状均匀分布在基体β上。

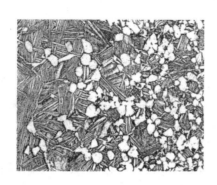

图 8.55　TC4 时效后的组织:块状 α+β 基体+针状 α

3. β钛合金(TB)

含β稳定元素较多(>17%)的合金称为β钛合金。该合金可通过固溶处理和随后的时效获得较高的强度,并具有良好的焊接性能。工业上应用的β合金在平衡状态均为(α+β)两相组织,但空冷淬火时,可将高温的β相保持到室温,得到亚稳β相组织。具有代表性的牌号为TB2,其室温平衡组织为(α+β)两相,800℃空冷淬火后组织是等轴亚稳β相固溶体,其显微组织如图8.56所示。

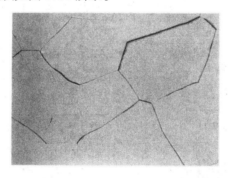

图 8.56　TB2 合金经 800℃×30 min 空冷淬火后的显微组织(500×)

8.3.3　钛及钛合金金相检验标准

钛及钛合金金相组织的分析鉴别可根据国家标准 GB/T6611—2008《钛及钛合金术语金相图谱》来进行。该标准共有 37 条术语,其中包括:原始β晶粒、α-β组织、集束、转变β、魏氏组织、等轴晶粒、基体、α、针状α、球状α、片状α、初生α、次生α、拉长的α、晶界α、大块α、马氏体、晶间β、亚稳定β、α层、氢化物相、β斑、金属间化合物、α层、高铝缺陷、高间隙缺陷、贫β区、蠕虫α、无序α、纤维状α、中间相、时效β、孪晶、高密度夹杂、双套组织、双态组织和网篮组织。

此外,标准 GB/T 5168—1985《两相钛合金高低倍组织检验方法》规定了两相钛合金高低倍组织的检验方法。该标准中列出了宏观组织标准图片 18 张,高倍组织验收标准图片 11 张,详细内容可查阅此标准。该标准不适用于成品零件。

8.4 轴承合金的显微组织

用来制造轴瓦及其内衬的耐磨合金称为轴承合金,又称轴瓦合金。该合金具有良好的耐磨性能和减磨性能,有一定的抗压强度和硬度,有足够的疲劳强度和承载能力,塑性和冲击韧性良好,具有良好的抗咬合性,良好的顺应性,良好的嵌镶性,良好的导热性、耐蚀性和低的热膨胀系数等优点。

轴承合金的金相组织可以分为两大类:一类具有软基体硬质点的金相组织;另一类具有硬基体、软质点的金相组织。

常用的轴承合金,按其主要化学成分可分为锡基、铅基、铜基和铝基。其中,锡基和铅基轴承合金又称巴氏合金,是应用最广的轴承合金。

8.4.1 锡基轴承合金

锡基轴承合金是以锡为主,加入少量锑、铜等合金元素组成的合金。常用的牌号有 ZSnSb4Cu4、ZSnSb8Cu4、ZSnSb11Cu6。其中最常用的是 ZSnSb11Cu6 合金,重力浇注下该合金的显微组织见图 8.57。该组织是由 $\alpha+\beta+Cu_6Sn_5$ 组成,其中黑色的为 α 固溶体、白色的方形或多边形化合物为 SnSb 为基的 β 固溶体、白色粒状、针状和星状的为 Cu_6Sn_5。

图 8.57 重力浇注下 ZSnSb11Cu6 合金的 显微组织(100×)   图 8.58 重力浇注下 ZPbSb16Sn16Cu2 合金 的显微组织(200×)

锡基巴氏合金在浇注工艺不当或采用不合格的原材料时会出现一些组织缺陷,如 ZSnSb11Cu6 合金中 SnSb 结晶粗大并聚集成蝶状;ZSnSb4Cu4 合金中的 Cu_6Sn_5 聚集于钢背附近呈偏析分布。

8.4.2 铅基轴承合金

铅基轴承合金是以铅为主,加入少量锑、锡、铜等元素组成的合金。它的硬度、强度适中,耐磨性较好,一般用于制造中、低载荷的轴瓦如汽车、拖拉机曲轴轴承。常用牌号有 ZPbSb16Sn16Su2,ZPbSb15Sn5Cu3 和 ZPbSb15Sn10 等。ZPbSb16Sn16Su2 是工业中最常用的铅基轴承合金,重力浇注下该合金的显微组织如图 8.58 所示。其中基体为

［Pb+Sn(Sb)］固溶体的共晶体,白色方块及多链形为 SnSb 化合物(β),白色针条状为 Cu_3Sn 或 Cu_2Sb 化合物。针条状为 Cu_3Sn 化合物,熔点较高是先析相,SnSb 化合物依其而析出,故它有阻止后结晶相产生偏析分布的作用。

8.4.3　铜基轴承合金

铜基轴承合金中以铜铅轴承合金应用最为广泛,常用的铜铅轴承合金含有 w_{Pb} = 27% ~ 33%,其余为 Cu。与锡基、铅基轴承合金相比较,具有承载能力大,疲劳强度高,导热性优良,能在高温下工作等优点,在汽车工业、航空工业及机械制造工业中得到广泛应用。

由于铜与铅的比重差别,在结晶过程中,初生的铜晶体会上浮,形成比重偏析,应采用激冷,搅拌或加入合金元素予以消除。图 8.59 为水冷金属型离心铸造铜铅 ZQPb30 合金的显微组织,该组织中灰色 Pb 相呈点状或细网状分布在细小的白色树枝状α(Cu)固溶体的枝晶间隙之间。轴承合金的缺点是嵌藏性和顺应性不良,同时耐腐蚀性亦较差,在高油温的高速内燃机中,合金表面的铅会受到腐蚀。为了改善铜铅金属的这些缺点,可在铜铅合金表面电镀一层厚约 0.025 ~ 0.05 mm、锡质量分数为 12% 的铅锡合金表面层。

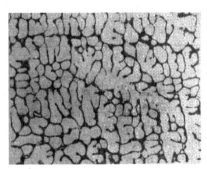

图 8.59　水冷金属型离心铸造 ZQPb30 铜铅合金
的显微组织(200×)

8.4.4　铝基轴承合金

常用的铝基轴承合金有 Al–Sb 轴承合金和 Al–Sn 轴承合金。

1. Al–Sb 轴承合金

Al–Sb 轴承合金成分为 w_{Sb} = 3.5% ~ 5% , w_{Mg} = 0.3% ~ 0.7%,其余为 Al。该合金具有较高的抗疲劳性能及耐磨性,但其承载能力不大,用于中等负荷的内燃机上。铸态下的组织是以(Al+AlSb)二相共晶体为基体,上面分布着少量 AlSb 的初生晶以及深色大块状的初生β相,其显微组织如图 8.60 所示。经轧制后,共晶体破碎成细小的高度弥散的硬质点,退火后硬质点的尖角钝化。

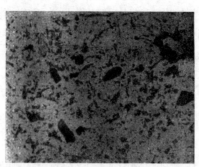

图 8.60　加锑铝基合金（$w_{Sb}=3.5\%\sim5\%$，$w_{Mg}=0.3\%\sim0.7\%$，
其余为 Al 铸造后的显微组织（500×）

2. Al-Sn 轴承合金

Al-Sn 轴承合金具有较高的承载能力和疲劳强度、良好的减摩性能和抗咬合性能，广泛应用在中、高速汽车、拖拉机的柴油机轴承上。其牌号为 ZAlSn6Cu1Ni1，但目前 AlSn20Cu 高锡铝基轴承合金还在生产上广泛使用。ZAlSn6Cu1Ni1 和 AlSn20Cu 合金的金相组织通常为铝基α固溶体+锡铝共晶体，有时还有少量的其他组成相。其中，铝基α固溶体为硬基体，锡相为软质点。这两种合金在金相组织上的不同点是：AlSn20Cu 合金的锡相要比 ZAlSn6Cu1Ni1 合金的锡相多的多。对金相组织的一般要求为：锡相应细小，呈弧岛状均匀分布，不应有粗大的或呈网状的锡相存在，不希望有明显的锡相平行于钢背分布，不应有较多或密集的其他脆、硬相存在，合金与钢背的黏结应牢固。

图 8.61 为金属浇注态 ZAlSn6Cu1Ni1 低铝锡基轴承合金的显微组织，其中基体为α固溶体，沿晶分布的（α+Sn）共晶体及深灰色片状 Al_3Ni 相，亮灰白色呈椭圆形为 Al_2Cu 相。

图 8.62 为 AlSn20Cu 高锡铝基轴承合金轧制退火后的显微组织，其中较细小的（Al+Sn）共晶体均匀地分布在铝基α固溶体上。共晶体分布仍有呈带状分布趋势。

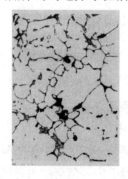

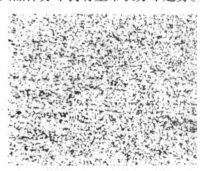

图 8.61　金属浇注态 ZAlSn6Cu1Ni1 低铝锡基轴　　图 8.62　AlSn20Cu 高锡铝基轴承合金轧制退火
承合金的显微组织（400×）　　　　　　　　　后的显微组织（100×）

8.4.5　轴承合金的金相检验标准

锡基轴承合金金相检验可按照 CB/T1156—1992《锡基轴承合金金相检验》标准来

进行分析。该标准规定了锡基轴承合金轴瓦金相取样、合金组织评定方法和级别图,适用于 ChSnSb11-6、ChSnSb7.5-3 浇铸的各类轴瓦金相检验。其中 ChSnSb11-6 合金组织主要检验β′相的边长和偏析程度;ChSnSb7.5-3 合金主要检验 ε 相的线长度,具体评定方法详见标准原文。

铜铅轴承合金金相检验可分别按照 NJ335—1985《内燃机铸造铜铅合余轴瓦金相检验标准》及 ZBTl2003—1987《汽车发动机轴瓦铜铅合金金相标准》来进行评定。其中前者适用于含铅 w_{Pb}=20% ~33% 的内燃机铸造铜铅合金轴瓦金相检验,规定了铜铅合金的显微组织应为铅相呈点块状均匀分布在α铜基体中、α铜枝晶间,铅以细小的断续网状分布在α铜基体中。后者适用于汽车发动机铸造和粉末烧结铜铅合金轴瓦金相组织的检验,规定了轴瓦合金层中铅分布的形态、与钢背结合情况等,两标准具体评定方法详见标准原文。

第9章 电子显微镜

电子显微镜有与光学显微镜相似的基本结构特征,但它有着比光学显微镜高得多的对物体的放大倍数及分辨本领,它是根据电子光学原理,用电子束和电磁透镜代替光束和光学透镜,使物质的细微结构在非常高的放大倍数下成像。目前最常用的是透射电子显微镜和扫描电子显微镜。

9.1 透射电子显微镜

9.1.1 透射电子显微镜的结构

透射电子显微镜(transmission electron microscope,TEM)是以波长极短的电子束作为照明源,用电磁透镜聚焦成像的一种高分辨率、高放大倍数的电子光学仪器。它由电子光学系统、电源与控制系统(包括电子枪高压电源、透镜电源、控制线路电源等)和真空系统三部分组成。透射电子显微镜与投射式光学显微镜的原理很相近,图9.1为两者的简化光路图,从图中可以看出,它们的光源、透镜虽不相同,但放大和成像的方式却完全一致。

在实际情况下无论是光镜还是电镜,其内部结构都要比图示复杂得多,图中的聚光镜、物镜和投影镜为光路中的主要透镜,实际制作中它们往往各是一组(多块透镜构成)透镜,在设计电镜时为达到所需的放大率、减少畸变和降低像差,又常在投影镜之上增加一至两级中间镜。

图9.2为JEM-2010F型透射电子显微镜外观图。图9.3为四级透射电子显微镜简图。

早期透射电子显微镜的功能主要是观察样品形貌,后来发展到可以通过电子衍射原位分析样品的晶体结构。具有能将形貌和晶体结构原位观察的两个功能,是其他结构分析仪器(如光镜和X射线衍射仪)所不具备的。

透射电子显微镜增加附件后,其功能可以从原来的样品内部组织形貌观察(TEM)、原位的电子衍射分析(DIFF),发展到还可以进行原位的成分分析(能谱仪EDS、特征能量损失谱EELS)、表面形貌观察(二次电子像SED、背散射电子像BED)和透射扫描像(STEM)。

结合样品台设计成高温台、低温台和拉伸台,透射电子显微镜还可以在加热状态、低温冷却状态和拉伸状态下观察样品动态的组织结构、成分的变化,使得透射电子显微镜的功能进一步的拓宽。

透射电子显微镜功能的拓宽意味着一台仪器在不更换样品的情况下可以进行多种

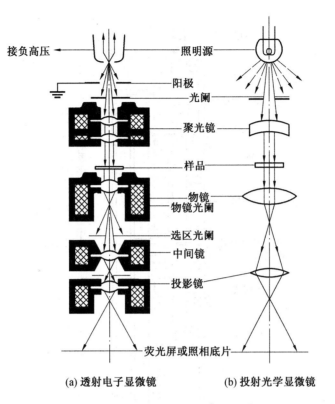

图 9.1　透射电子显微镜构造原理和光路

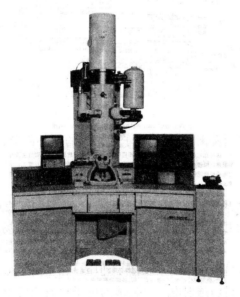

图 9.2　JEM-2010F 型透射电子显微镜外观图

分析,尤其是可以针对同一微区位置进行形貌、晶体结构、成分(价态)的全面分析。

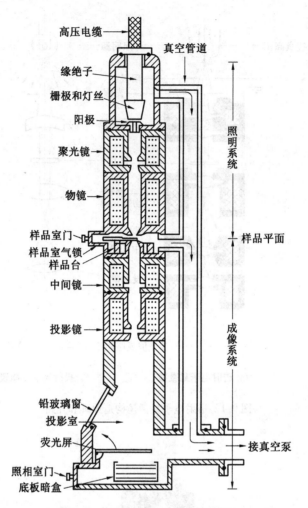

图 9.3   四级透射电子显微镜简图

1. 电子光学系统

电子光学系统通常叫镜筒，是透射电子显微镜的核心部分，它由三部分组成，即照明系统、成像系统和观察记录系统。

（1）照明系统

照明系统由电子枪、聚光镜和相应的平移对中、倾斜调节装置组成。其作用是提供一束亮度高、相干性好、束流稳定的照明源。为满足明场和暗场成像需要，照明束可在 2°~3°内倾斜。

①电子枪。电子枪是电子束的来源，它不但能产生电子束，而且利用高压电场将电子加速到所需的能量。目前透射电子显微镜的电子枪有钨灯丝、六硼化镧和场发射三种电子枪，其中钨灯丝、六硼化镧灯丝属于热阴极电子枪，它是利用电流加热灯丝，使灯丝发射热电子，并经过阳极和灯丝之间的强电场加速得到高能电子束。场发射电子枪的原理是高电场下产生肖特基效应，即利用靠近曲率半径很小的阴极尖端附近的强电

场,使阴极尖端发射电子,所以叫场发射。场发射可得到极细而又具有高电流密度的电子束,其亮度可达热阴极电子枪的数百倍甚至数千倍。图9.4为热阴极电子枪和场发射电子枪的灯丝。

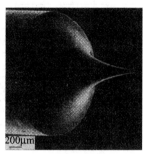

(a) 发叉式钨灯丝　　　　　(b)LaB$_6$ 灯丝　　　　　(c) 场发射灯丝

图9.4　几种灯丝的比较

图9.5为电子枪示意图,从图9.5(b)中可以看到在阴极与阳极之间的某一位置,电子束会汇集成一个交叉点,这个交叉点就是通常所说的电子源。

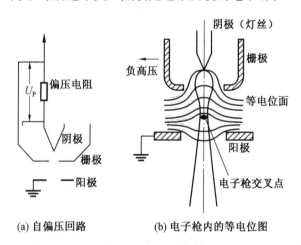

(a) 自偏压回路　　　　　　(b) 电子枪内的等电位图

图9.5　电子枪示意图

光源对于成像质量起重要作用,电镜的光源要提供足够数量的电子,发射的电子越多,图像越亮;电子速度越高,电子对样品的穿透能力越强;电子束的平行度、束斑直径和电子运动速度的稳定性都对成像质量产生重要影响。不同的灯丝在电子源大小、电子束流量、电流稳定性以及灯丝寿命等均有差异。表9.1为三种灯丝的性能对照表。

②聚光镜。聚光镜也叫电磁透镜,由电子枪直接发射出的电子束的束斑(也就是那个交叉点)尺寸较大,发散度也大,相干性差,为了更有效地利用发射出的电子束,需要对由电子枪发射出来的电子束进一步汇集成亮度均匀且照射范围可调的光斑,投射在下面的样品上,这些工作是由聚光镜来完成的。聚光镜处在电子枪的下方,聚光镜一般由2~3级组成,从上至下依次称为第1聚光镜、第2聚光镜。图9.6为双聚光镜照明系统光路图。

表 9.1　三种灯丝的性能对照表

	钨灯丝	六硼化镧灯丝	场发射灯丝
功函数 ϕ	4.5 eV	2.4 eV	4.5 eV
温度 T	2 700 K	1 700 K	300 K
电流密度 J	5×10^4 A/cm^2	1×10^6 A/cm^2	1×10^{10} A/cm^2
交叉点尺寸 ϕ	50 μm	10 μm	<0.01 μm
亮度	10^9 A/m^2	5×10^{10} A/m^2	1×10^{13} A/m^2
能量分散	3 eV	1×5 eV	0.3 eV
电流稳定性	<1%/h	<1%/h	<5%/h
真空度	10^{-2} Pa	10^{-4} Pa	10^{-8} Pa
寿命	100 h	500 h	>1 000 h

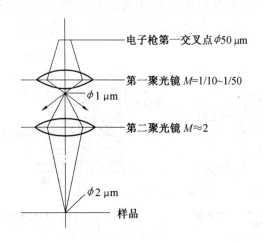

图 9.6　双聚光镜照明系统光路图

　　第 1 聚光镜和第 2 聚光镜的结构相似,但极靴形状和工作电流不同,所以形成的磁场强度和用途也不相同。第 1 聚光镜是一个短焦距强激磁透镜,束斑缩小率为 10 ~ 50 倍,将电子枪第一交叉点的斑束缩小为 1 ~ 5 μm,第 2 聚光镜为长焦距弱激磁透镜,适焦时放大倍数为 2 倍左右。结果在样品表面上可获得 2 ~ 10 μm 的照明电子束斑。第 1 聚光镜和第 2 聚光镜的工作原理是通过改变聚光透镜线圈中的电流,来达到改变透镜所形成的磁场强度,磁场强度的变化能使电子束的会聚点上下移动,在样品表面上电子束斑会聚的越小,能量越集中,亮度也越大;反之束斑发散,照射区域变大则亮度就减小。通过调整聚光镜电流来改变照明亮度的方法,实际上是一个间接的调整方法,亮度的最大值受到电子束流量的限制。如想更大程度上改变照明亮度,只有通过调整电子枪中的栅极偏压,才能从根本上改变电子束流的大小。在第 2 聚光镜上通常装配有活动光阑,以改变光束照明的孔径角,一方面可以限制投射在样品表面的照明区域,使样品上无需观察的部分免受电子束的轰击损伤;另一方面也能减少散射电子等不利信号带来的影响。

③电子束平移对中、倾斜调节装置。为满足明场和暗场成像需要,在照明系统中还安装有使电子束倾斜装置,电子束可在 2°~3°内倾斜,以满足某些特定的倾斜角度照明样品。

（2）成像系统

成像系统主要由物镜、中间镜和投影镜组成。

①物镜。物镜是透射电子显微镜的关键部分,它是形成第一幅高分辨率电子显微图像或电子衍射花样的透镜。成像系统中其他透镜只是将电子显微图像或电子衍射花样进一步放大,物镜的任何像差都将被进一步放大而被保留,物镜的分辨率决定了透射电子显微镜的分辨率,因此要求物镜要有极高的分辨率,极小的像差。为了达到这个目的,一般采用强激磁、短焦距的物镜。目前高质量的物镜分辨率已经达到0.1 nm左右。

为了减小物镜的球差,通常在物镜的后焦面上安装一个物镜光阑,它的作用是减少球差、象散和色差,同时可以提高图像的衬度,由于物镜光阑是位于后焦面的位置上,可以方便地进行暗场和衬度成像的操作。

②中间镜。中间镜是一个弱激磁、长焦距的变倍透镜,可在 0~20 倍范围内调节。当放大倍数大于 1 时,用来进一步放大物镜像;当放大倍数小于 1 时,用来进一步缩小物镜像。

在电镜操作过程中,主要是利用中间镜的可变倍率来控制电镜的总放大倍数。如果把中间镜的物平面和物镜的像平面重合,则在荧光屏得到一幅放大像,这就是电子显微镜中的成像操作,如图 9.7 所示。如果把中间镜的物平面与物镜的背焦面重合,则在荧光屏上得到一幅电子衍射花样,这就是透射电子显微镜的电子衍射操作。

③投影镜。投影镜是把中间镜放大(或缩小)的像(或电子衍射花样)进一步放大,并投射到荧光屏上,它和物镜是一样的,是一个强激磁短焦距的透镜。投影镜一般用于固定的放大倍数。投影镜的内孔径较小,电子束进入投影镜孔径角很小(约 10^{-5} rad)。小的孔径可以带来两个重要特征:

a. 景深大,景深是指在保持图像清晰度的前提下,试样或物沿镜轴可以移动的距离范围;

b. 焦深长,焦深是指在保持图像清晰度的前提下,像平面沿镜轴可以移动的距离范围。

目前,高性能的透射电子显微镜大都采用了五级透镜放大,即中间镜和投影镜有两级,分第一中间镜和第二中间镜,第一投影镜和第二投影镜。

（3）观察记录系统

观察记录系统包括两个部分,即荧光屏和照相机构。

透射电镜的最终成像结果,显现在观察室内的荧光屏上,观察室处于投影镜下,空间较大,设有 1~3 个铅玻璃窗,可供操作者从外部观察分析用。由于电子束的成像波长太短,不能被人的眼睛直接观察,电镜中采用了涂有荧光物质的荧光屏板把接收到的

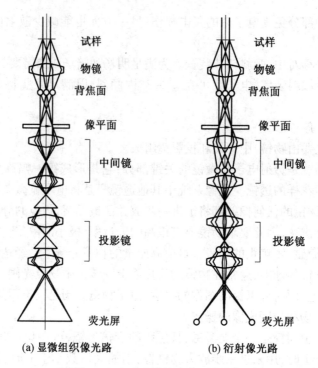

(a) 显微组织像光路　　　(b) 衍射像光路

图 9.7　电子显微镜成像系统光路

电子影像转换成可见光的影像。观察者需要在荧光屏上对电子显微影像进行选区和聚焦等调整与观察分析,这要求荧光屏的发光效率高,光谱和余辉适当,分辨力好。目前多采用能发黄绿色光的硫化锌-镉类荧光粉做为涂布材料,直径约在 15 ~ 20 cm。

　　荧光屏的中心部分为一直径约 10 cm 的圆形活动荧光屏板,平放时与外周荧屏吻合,可以进行大面积观察。选定位置需要照相时,活动荧光屏完全直立竖起时让电子影像通过,照射在下面的感光胶片上进行曝光。

　　照相机构设置在照相室内,照相室处在镜筒的最下部,内有送片盒(用于储存未曝光底片)和接收盒(用于收存已曝光底片)及一套胶片传输机构。生产电镜的厂家、机型不同,片盒的储片数目也不相同,一般在 20 ~ 50 片/盒,底片尺寸日本多采用 82.5 mm×118 mm,美国常用 82.5 mm×101.6 mm,而欧州则用 90 mm×120 mm。每张底片都由特制的一个不锈钢底片夹夹持,叠放在片盒内。工作时由输片机构相继有序地推放底片夹到荧光屏下方电子束成像的位置上。

　　电子显微镜在工作时,整个电子通道都必须置于真空系统之内,这是因为在系统充气的情况下,栅极与阳极间的空气分子电离,导致高电位差的两极之间放电;炽热的灯丝迅速氧化烧断,无法正常工作;电子与空气分子发生碰撞,影响成像质量;试样在空气中也容易氧化,产生失真。

　　新式的电子显微镜中电子枪、镜筒和照相室之间都装有气阀,各部分都可单独地抽真空和单独地放气。因此,在更换灯丝、清洗镜筒和更换底片时,其他部分的真空状态不被破坏。

9.1.2 透射电镜样品制备

透射电镜的样品制备是一项较复杂的技术,它对能否得到好的电子像或衍射谱是至关重要的。透射电镜是利用样品对入射电子散射能力的差异而形成衬度的,这要求制备出的样品对电子束"透明",同时样品还必须具有代表性,以真实反映所分析材料的某些特征,并要求保持高的分辨率和不失真。

电子束穿透固体样品的能力主要取决加速电压、样品的厚度以及物质的原子序数。一般来说,加速电压越高、原子序数越低、电子束可穿透的样品厚度就越大。对于100~200 kV 的透射电镜,要求样品的厚度为 50~100 nm,做透射电镜高分辨率的分析,样品厚度要求约 15 nm(越薄越好)。

透射电镜样品可分为:金属试样的表面复型,粉末样品,薄膜样品。不同的样品有不同的制备手段,根据分析要求和试样材质选择合适的制备方法。

1. 金属试样的表面复型技术

金属试样的表面复型就是把准备观察的试样表面形貌(表面显微组织浮凸)用适宜的非晶薄膜复制下来,然后对这个复制膜(叫做复型)进行透射电镜观察与分析。复型适用于金相组织、断口形貌、形变条纹、磨损表面、第二相形态及分布、萃取和结构分析等。

制备复型的样品应具备如下条件:

①复型材料本身必须是"无结构"或非晶态的,从而避免由于复型材料本身结构细节的显示,干扰被复制的表面形貌观察和分析。

②复型材料的粒子尺寸必须很小,复型材料的粒子越小,分辨率越高。例如,用碳做复型材料时,碳粒子的直径很小,分辨率可达 2 nm 左右。用塑料做复型材料时,由于塑料分子的直径比碳粒子大很多,它只能分辨直径比 10~20 nm 大的组织细节。

③复型材料要有足够的强度和刚度,良好的导电、导热性和耐电子束轰击性能。

常用的复型方法有:一级复型、二级复型和萃取复型三种。

(1)一级复型

一级复型有两种:即塑料一级复型和碳一级复型。

①碳一级复型。制备碳一级复型的过程是直接把表面清洁的金相试样放入真空镀膜装置中,在垂直方向上向样品表面蒸镀一层厚度为数 10 nm 的碳膜。图 9.8 为碳一级复型制备过程及图像衬度图。

碳膜厚度可凭经验目测,即根据放在金相试样旁边的乳白色瓷片的颜色变化估计。在瓷片上预先滴一滴油,喷碳时油滴覆盖部分的瓷片不沉积碳而基本保持乳白本色,其他部分随着碳膜变厚颜色由浅棕色逐渐变成深棕色。一般认为瓷片变成浅棕色正好符合要求。把喷有碳膜的试样用针尖或刀片划成对角线小于 3 mm 的小方格,然后把试样放入事先备好的脱模剂中进行电解或化学分离,使碳膜和试样表面分离。分离开的碳膜在丙酮或酒精中清洗,用电镜铜网捞起碳膜烘干后就可以放在透射电子显微镜中进行观察。

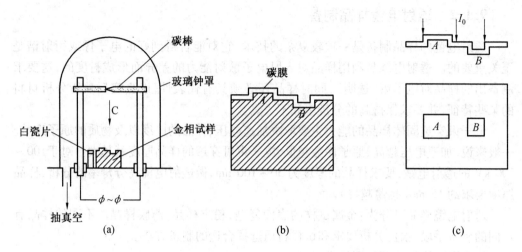

图9.8 碳一级复型制备过程及图像衬度

②塑料一级复型。塑料一级复型的制备相对于碳一级复型来说简单多了。用预先配置好的塑料溶液在已浸蚀好的金相试样表面上直接浇注即可,常用的塑料一级复型材料及其质量分数见表9.2。

表9.2 常用的塑料一级复型材料及其质量分数

化学名称	溶剂	质量分数/%
低氮硝酸纤维素(火棉胶)	醋酸戊脂	0.5~4
聚醋酸甲基乙烯脂	二恶烷(或氯仿)	1~2

塑料一级复型具体的操作方法是:用滴管吸上配好的塑料溶液滴在制备好的金相试样上,用玻璃棒将溶液在试样表面上展平,多余的溶液用滤纸吸掉,待溶剂蒸发后,样品表面即留下 100 nm 左右的塑料薄膜。把塑料薄膜从试样上揭下来剪成对角线小于 3 mm 的小方块,放在直径为 3 mm 的电镜铜网上,就可以进行透射电镜观察了。如图 9.9 所示,这种复型是负复型,即试样上凸出部分在复型上是凹下去的,在复型的内表面形成与金相试样表面相反的浮雕,但复型的另一面基本是平的,这就把试样表面凸凹不平的特征转换成复型膜的厚度差别。当进行电镜观察时,均匀的电子束照射复型时,根据质厚衬度的原理,厚的部分透过的电子束弱,薄的部分透过的电子束强,从而在荧光屏上造成了一个具有衬度的图像。

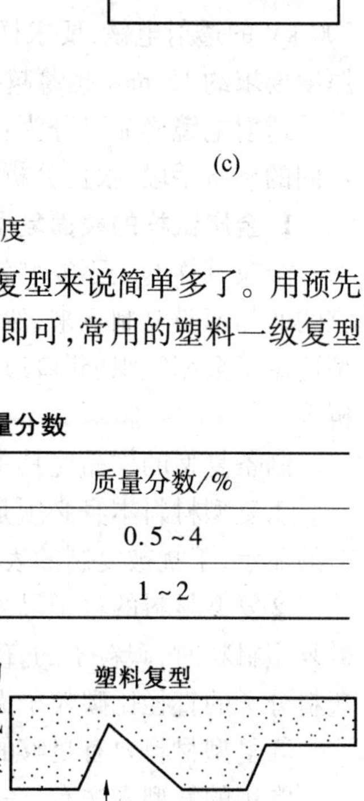

图9.9 塑料一级复型示意图

塑料一级复型和碳一级复型各有不同的特点,塑料一级复型制备起来相对简单,不需要特殊的设备,揭膜时也不破坏试样表面,可以重复制备,但由于塑料分子较大,观察时分辨率低。碳一级复型的制备要有专用设备,操作也相对复杂,用的时间较长,揭膜时破坏试样表面,但由于碳粒子直径较小,所以碳复型的分辨率可比塑料复型高出一个数量级。

(2)二级复型(塑料-碳二级复型)

二级复型是目前应用较广泛的一种复型方法,制备过程如下。

①用醋酸纤维素(AC纸)或火棉胶预先做好塑料薄膜,以备用。

②当需要做复型时,在试样表面滴上丙酮(或醋酸甲酯),然后贴上一块预先做好的塑料薄膜,如图9.10(a),注意贴膜时要从试样的一侧边缘开始,再贴整个试样表面,目的是把里面的空气赶出去,使膜与试样之间不产生气泡和皱褶。

③揭下干燥后的塑料复型,即第一级复型,将其复制面向上固定在玻璃板上,如图9.10(b),然后放入真空镀膜室内,先以倾斜方向(15°~45°)喷镀重金属(如Cr),再以垂直方向喷碳,如图9.10(c)。这样就形成了一个由塑料和碳膜构成的复合复型。

④将复合复型需要观察的区域剪成对角线小于3 mm的小方块,贴在预先涂有石蜡的温热的玻璃片上,此时喷碳面与石蜡相接触。待石蜡凝固后,放入盛有丙酮的容器中,可适当加热,将第一级复型和石蜡慢慢溶解掉,第二级复型呈卷曲状漂浮在丙酮溶液中,如图9.10(d)所示。

⑤把第二级复型用铜网布制成的小勺捞起放入干净的丙酮中再次清洗,然后移至蒸馏水中,由于水的表面张力,碳膜会平展地漂浮在蒸馏水的表面上,用电镜铜网将碳膜捞起干燥后,就可进行透射电镜观察,如图9.10(e)所示。

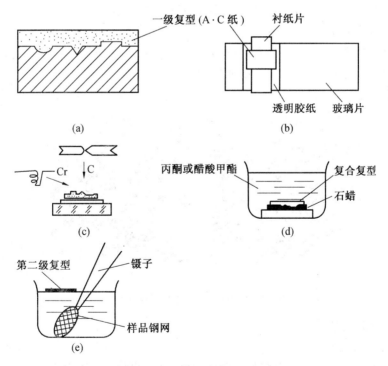

图9.10 二级复型制备过程示意图

二级复型的特点,复型制备过程中不破坏试样表面,需要时可重复制备;最终复型是带有重金属喷镀的碳膜,其稳定性、导电导热性都很好,在电子束的轰击下,不易发生分解和破裂;但是因为第一级复型是塑料膜,所以分辨率较低,与塑料一级复型的分辨率相当。

（3）萃取复型

上述所说的一级塑料复型、一级碳复型和二级复型这三种复型都是金相试样的表面复型,观察时不能提供金属材料内部的组织结构。而萃取复型是利用一种薄膜,把经过深浸蚀的金属试样表面上的一些第二相粒子黏附下来,膜上第二相粒子的形状、大小、分布及其物相保持原来的状态,如图9.11所示。

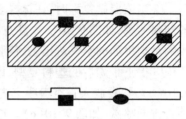

图9.11 萃取复型制备示意图

具体制备方法如下:

①在深度浸蚀的金相试样表面上,喷镀一层较厚的碳膜(约20 nm)。

②把喷镀过碳膜的金属试样用电解法或化学法溶化基体,使碳膜连同黏附下来的第二相粒子与基体分离。

③将分离后的碳膜转移到某种化学试剂中洗涤,溶去残留的基体,最后移到酒精中洗涤,用电镜铜网捞取碳膜,并对碳膜内的夹杂物或析出物进行分析。

萃取膜比较脆,可在喷镀的碳膜上预先浇注一层塑料背膜,待萃取膜从试样表面上剥离后,再用溶剂把背膜溶掉,这样可以防止萃取膜在脱膜时碎裂。

2. 粉末样品的制备

随着材料科学的迅速发展,超细粉体及纳米材料(如纳米陶瓷)越来越多,但由于粉体单独颗粒尺寸极小,无法进行单独颗粒的观察,这样就需要对粉末样品进行制备,制备的关键是如何让超细粉末的颗粒分散开来,各自独立而不聚团,如图9.12所示。

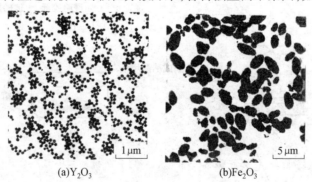

(a)Y_2O_3　　　　　　　　(b)Fe_2O_3

图9.12 超细陶瓷粉末的透射电镜照片

具体制备方法如下:

（1）胶体混合法

在干净的玻璃片上滴上火棉胶溶液,然后在玻璃片胶液上撒上少量粉末并搅匀,再用另一干净玻璃片压在上面,两玻璃片对研并突然抽开,待膜干。用小刀划成对角线小于 3 mm 的小方块,将玻璃片斜插入水杯中,在水面上下插动,黏有粉末的膜逐渐脱落,用电镜铜网将膜捞出,待干燥后就可以观察。

(2)支撑膜分散粉末法

由于粉末颗粒尺寸细小无法直接放在电镜铜网上,要预先制备一种支撑膜。常用的支撑膜有火棉胶和碳膜。将制成的支撑膜放在电镜铜网上,然后取适量的粉末和乙醇分别加入小烧杯,进行超声振荡 10 ~ 30 min,过 3 ~ 5 min 后,用玻璃毛细管吸取粉末和乙醇的均匀混合液,然后滴 2 ~ 3 滴该混合液体到附有支撑膜的电镜铜网上。滴的混合液要适量,滴得太多,则粉末分散不开,不利于观察,同时粉末掉入电镜的几率增大,严重影响电镜的使用寿命;滴得太少,则对电镜观察不利,难以找到所需要粉末颗粒。等 15 min 以上,以便乙醇尽量挥发完毕,否则将样品装上样品台插入电镜,将影响电镜的真空。为了防止粉末被电子束轰击落下污染镜筒,可在粉末上再喷一层碳膜,使粉末夹在两层膜之间。

3. 薄膜样品的制备

早期的电子显微镜由于加速电压较低,电子束不能直接穿透薄膜样品,只能用复型代替分析,虽然复型技术使电子显微分析的分辨率达到几个纳米左右,比光学显微镜提高了两个数量级,但它要受到复型本身颗粒大小的约束,限制了分辨率的进一步提高。再者,复型只能对试样的表面形貌进行复制,不能对试样的内部组织结构进行观察分析,而利用材料薄膜样品在透射电镜下观察,不仅能清晰地显示内部组织的精细结构,而且还能使电镜的分辨率大幅度提高。同时,结合薄膜样品的电子衍射分析,还可以得到更多的晶体学信息。

(1)制备薄膜样品必须具备的条件

①薄膜样品的组织结构必须和原来大块样品相同,在制备的过程中,组织结构不发生变化。

②样品相对于电子束必须有足够的"透明度",因为只有样品被电子束穿透,才有可能观察和分析。对于一般金属材料来说,样品厚度在 500 nm 以下。

③薄膜样品应有一定的强度和刚度,在制备、夹持和操作过程中,在一定机械力作用下不会引起变形和损坏。

④在样品制备过程中表面不能产生氧化和腐蚀,因为氧化和腐蚀会使样品的透明度下降,造成多种假象。

(2)薄膜样品的制备过程

①试样薄片的切取。将块状试样切成 0.3 ~ 0.5 mm 厚的均匀薄片。如果是导电的试样,可以用电火花切割,如果是陶瓷或不导电的试样,可以用金刚石刀内圆切割机切片。

②试样薄片的初次减薄。把切割下的试样薄片一面用黏结剂黏在样品座上,用金相砂纸机械研磨到 120 ~ 150 μm;抛光研磨到 100 μm 厚;有时也用化学方法进行预减薄,这种方法是把切好的金属薄片放入配置好的化学试剂里,使它表面受腐蚀而继续减薄。

③把初次减薄后的试样用专用设备冲成 $\phi3$ mm 的圆片。

④试样薄片的最终减薄。最终减薄的方法有两种,即双喷电解抛光法和离子减薄法。

双喷电解抛光法。这种方法主要用于金属及其合金具有导电性质的薄膜样品制备。把初减薄后大小为 $\phi3$ mm 的试样薄片装入样品夹持器,样品与阳极相连,用白金或不锈钢做阴极与电解液喷嘴中液注相连,加直流电压进行电解减薄。在减薄时,电解液的两个喷嘴分别对着样品的两个表面,在两个喷嘴的轴线上装有一对光导纤维,一个光导纤维和光源相连,另一个则和光敏元件相连。当薄片的中心出现小孔,光电控制元件就将抛光线路的电源切断,电解减薄自动停止。电解减薄后的试样薄片要迅速放入乙醇或丙酮等溶液中清洗干净,如果不干净,试样表面会形成一层氧化物之类的污染层,给分析带来干扰。双喷电解减薄后的试样,在中心孔附近有一个薄区,可以被电子束穿透,所以可直接放入透射电镜里观察分析。图 9.13 为双喷电解抛光装置原理图。

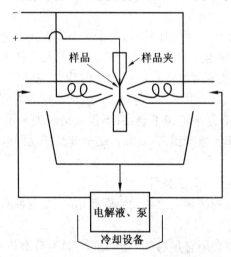

图 9.13　双喷电解抛光装置原理图

离子减薄法。这种方法适用于难熔金属、硬质合金和不导电的陶瓷材料。所谓离子减薄就是用离子束在样品两侧以一定的倾角(5° ~ 10°)轰击样品,使之减薄。由于被减薄试样硬度高,耐腐蚀,所以减薄时间较长,一般为十几个或几十个小时。为了节省时间,人们发明了磨坑仪,用磨坑仪在薄片中央部位磨出一个凹坑,凹坑深度为50 ~ 70 μm,这样就大大减少了离子减薄时间。离子减薄法也可以作为双喷电解减薄后除去薄膜试样表面污染层的最终减薄方法。

注意事项:凹坑过程试样需要精确的对中,先粗磨后细磨抛光,磨轮负载要适中,否则试样易破碎;凹坑完毕后,对凹坑仪的磨轮和转轴要清洗干净;凹坑完毕的试样需放在丙酮中浸泡、清洗和凉干;进行离子减薄的试样在装上样品台和从样品台取下的过程中,需要非常地小心和细致,因为此时 $\phi3$ mm 薄片试样的中心已经非常薄,用力不均或过大,很容易导致试样破碎。

9.2 扫描电子显微镜

在前面的章节里分别介绍了光学显微镜和透射电子显微镜,从所观察试样制备的难易程度上看,光学显微镜有一定的优点,制样简单,对试样的大小、形状要求不高,但精度很低,影响研究者的深层次分析;从分辨率上看,透射电子显微镜有优势,分辨本领、放大倍数、景深都很高,足以满足研究者的需要,但是试样制备又很繁琐,对试样的要求极高,这又限制了透射电子显微镜的进一步发展。而扫描电子显微镜恰恰是兼顾了光学显微镜和透射电子显微镜的优点,摈弃了二者的缺点。因为扫描电子显微镜的成像原理与光学显微镜和透射电子显微镜不同,不用透镜放大成像,而是以类似电视或摄像的成像方式,用聚焦电子束在样品表面扫描时激发产生的某些物理信号来调制成像。目前,扫描电子显微镜的二次电子像的分辨率已达到 3 ~ 4 nm,放大倍数可以从数倍原位放大到 20 万倍左右。图 9.14 为扫描电子显微镜外观图。

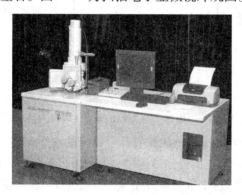

图 9.14　扫描电子显微镜外观图

9.2.1　扫描电子显微镜的构造

扫描电子显微镜由电子光学系统、信号检测放大系统、图像显示和记录系统、真空和电源控制系统组成。

1. 电子光学系统(镜筒)

电子光学系统由电子枪、电磁透镜、光阑、扫描线圈和样品室等组成,如图 9.15 所示。电子光学系统的作用是得到具有较高的亮度和尽可能小束斑直径的扫描电子,作为使样品产生各种物理信号的激发源。

(1)电子枪

扫描电子显微镜的电子枪与透射电子显微镜的电子枪相似,也是有钨灯丝、六硼化镧和场发射三种,只是加速电压比透射电子显微镜低。

(2)电磁透镜

扫描电子显微镜的电磁透镜只用于控制电子束射在样品上的光斑尺寸、电子束的发射角和电子束的电流,与成像聚焦无关。它的作用是把电子枪的束斑逐级聚焦缩小,

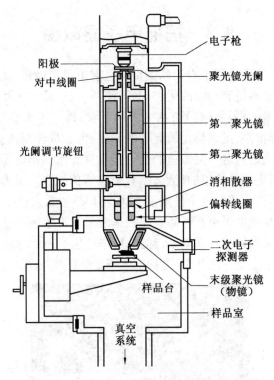

图 9.15 扫描电子显微镜的电子光学系统示意图

使原来直径约为 $50 \mu m$ 的束斑缩小成只有几个纳米的细小斑点。扫描电子显微镜一般都有三个聚光镜,前两个聚光镜是强磁透镜,可把电子束光斑缩小,第三个聚光镜是弱磁透镜,具有较长的焦距,这个末级聚光镜紧靠样品上方,通常也把它叫物镜,它与样品室之间有一定的空间,目的是装入各种信号探测仪。

(3)光阑

扫描电子显微镜平时只能调节物镜光阑,一般有三个档位,从 3 号到 1 号,孔径依次缩小。孔径越小,光的质量越高,分辨率也会越高,但同时由于电子束能量的减弱,信噪比会变差,最直观的现象就是图像出现很多噪音。使用过程中要根据实际需要来调节光阑档位。一般来讲,2 号光阑是使用最多的,1 号光阑用于观察高分辨样品,3 号光阑用于使用能谱时。总之,正确合理地使用光阑可以改变电子束入射角度,影响图像的景深;改变电子束入射能量,影响图像分辨率和针对成分分析的能量选择;过滤电子束杂散能量,减小能量色差,还可以改善象散。

(4)扫描线圈

扫描线圈安装在第二聚光镜和物镜之间,其作用是使电子束发生偏转,并在样品表面做有规则的扫动,电子束在样品上的扫描动作和显像管上的扫描动作保持严格同步,因为它们是由同一个扫描发生器控制的。在物镜的上方,装有两组扫描线圈,每一组扫描线圈包括一个上偏转线圈和下偏转线圈。当上下偏转线圈同时起作用时,电子束在样品表面上作光栅扫描。既有 x 方向的扫描(也称为行扫),又有 y 方向的扫描(也称为帧扫),通常电子束在 x 方向和 y 方向的扫描总位移量相等,所以扫描光栅是正方形的。图 9.16 为电子束在样品表面的光栅扫描方式。

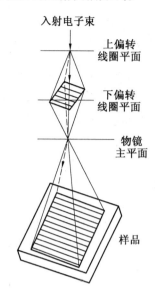

图 9.16 电子束在样品表面的光栅扫描方式

(5)样品室

样品室中的主要部件是样品台,它除了能进行三维空间的移动,还能倾斜和转动,样品台移动范围一般可达 40 mm,倾斜范围至少在 50°左右,转动 360°。样品室除安放样品外,还要安置各种型号检测器。信号的收集效率和相应检测器的安放位置有很大关系,如果安置不当,收集的信号不理想,就会影响观察效果。

新型的扫描电子显微镜实际上是一个微型实验室,根据各种需要开发出高温、低温、冷冻切片及喷镀、拉伸,还可以安装 X 射线波谱仪、能谱仪、背散射花样大面积 CCD、实时监视 CCD 等探测器。

2. 信号检测放大系统

信号检测放大系统的作用是检测样品在入射电子作用下产生的物理信号,然后经视频放大,作为显像系统的调制信号。二次电子、背散射电子和透射电子的信号都可以采用闪烁计数器来进行检测。当信号电子进入闪烁体后随即引起电离,当离子和自由电子复合后就产生可见光。可见光信号通过光导管送入光电倍增器,光信号放大,即又转化成电流信号输出,电流信号经视频放大器放大后成为调制信号。

3. 图像显示和记录系统

图像显示和记录系统的作用是将信号检测放大系统输出的调制信号,转换为能显示在阴极射线管荧光屏上的图像或数字图像信号,供观察或记录,将数字图像信号以图像格式的数据文件存储在硬盘中,可随时调出编辑或输出。

4. 真空和电源控制系统

真空控制系统的作用是保证电子光学系统的正常工作、防止样品污染、保证灯丝的工作寿命等,一般情况下,要求保持 $10^{-2} \sim 10^{-3}$ Pa 的真空度。

电源控制系统由稳压、稳流及相应的安全保护电路组成,其作用是提供扫描电镜各部分所需的电源。

9.2.2　扫描电子显微镜的工作原理

图 9.17 为扫描电镜的原理示意图。由最上边电子枪发射出来的电子束,经栅极聚焦后,在加速电压作用下,经过二至三个电磁透镜所组成的电子光学系统,电子束会聚成一个极细的电子束聚焦在样品表面。在末级透镜上装有扫描线圈,其作用是使电子束在样品表面扫描。由于高能电子束与样品物质的交互作用,结果产生下面的信息,二次电子、背反射电子、吸收电子、X 射线、俄歇电子、阴极发光和透射电子等。这些信号被相应的接收器接收,经放大后送到显像管的栅极上,调制显像管的亮度。由于经过扫描线圈上的电流与显像管相应的亮度一一对应,也就是说,电子束打到样品上一点时,在显像管荧光屏上就出现一个亮点。扫描电镜就是这样采用逐点成像的方法,把样品表面不同的特征,按顺序成比例地转换为视频信号,完成一帧图像,从而可以在荧光屏上观察到样品表面的各种特征图像。

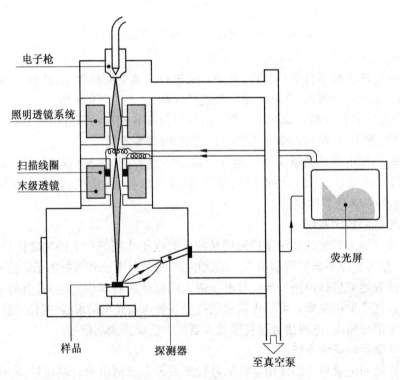

图 9.17　扫描电镜原理示意图

9.2.3 扫描电子显微镜的特点

1. 高分辨率

扫描电镜的一个重要特点就是具有很高的分辨率。一般配有热阴极电子枪的扫描电镜现已广泛用于观察纳米材料。

2. 景深大

扫描电镜的另一个重要特点是景深大,图象富立体感。扫描电镜的焦深比透射电子显微镜大 10 倍,比光学显微镜大几百倍。由于图像景深大,故所得扫描电子像富有立体感,具有三维形态,能够提供比其他显微镜多得多的信息,这个特点对使用者很有价值。扫描电镜所显示断口形貌从深层次、高景深的角度呈现材料断裂的本质,在教学、科研和生产中,有不可替代的作用;在材料断裂原因的分析、事故原因的分析以及工艺合理性的判定等方面是强有力的手段。

3. 直接观察大试样的原始表面

它能够直接观察直径 100 mm、高 50 mm,或更大尺寸的试样,对试样的形状没有任何限制,粗糙表面也能观察,这便免除了制备样品的麻烦,而且能够真实地观察试样本身不同成分的衬度(背反射电子像)。

4. 观察厚试样

扫描电子显微镜在观察厚试样时,能得到高的分辨率和最真实的形貌,其分辨率介于光学显微镜和透射电子显微镜之间,但在对厚块试样的观察进行比较时,因为在透射电子显微镜中还要采用复膜方法,而复膜的分辨率通常只能达到 10 nm,且观察的不是试样本身。因此,用扫描电镜观察厚块试样更有利,更能得到真实的试样表面资料。

5. 观察试样各个区域的细节

试样在样品室中可动的范围非常大,其他类型显微镜的工作距离通常只有 2 ~ 3 cm,只允许试样在两维空间内运动。而扫描电镜则不同,由于工作距离大(可大于 20 mm),焦深大(比透射电子显微镜大 10 倍),样品室的空间也大,因此试样可作三维空间中 6 个自由度的运动(即三维空间平移、三维空间旋转),且可动范围大,这对观察不规则形状试样的各个区域带来极大的方便。

6. 在大视场、低放大倍数下观察样品

用扫描电镜观察试样的视场大。在扫描电镜中,能同时观察试样的视场范围 F 由下式来确定

$$F = L/M$$

式中　F——视场范围;

　　　M——观察时的放大倍数;

　　　L——显像管的荧光屏尺寸。

若扫描电镜采用 30 cm(12 英寸)的显像管,放大倍数为 15 倍时,其视场范围可达 20 mm,大视场、低倍数观察样品的形貌对有些领域是很必要的,如刑事侦察和考古。

7. 进行从高倍到低倍的连续观察

放大倍数的可变范围很宽,且不用经常对焦。扫描电镜的放大倍数范围很宽(从5~20 万倍连续可调),且一次聚焦后即可从高倍到低倍、从低倍到高倍连续观察,不用重新聚焦,这对进行事故分析特别方便。

8. 观察生物试样

同其他方式的电子显微镜比较,观察时所用的电子探针电流小(一般为 10~12 A),电子探针的束斑尺寸小(通常是 5 nm 到几十纳米),电子探针的能量也比较小(加速电压可以小到 2 kV)。而且不是固定一点照射试样,是以光栅状扫描方式照射试样。由于电子照射面发生试样的损伤和污染程度很小,对观察生物试样来说特别重要。

9. 进行动态观察

在扫描电镜中,成像的信息主要是电子信息,根据近代的电子工业技术水平,即使高速变化的电子信息,也能毫不困难地及时接收、处理和储存,故可进行一些动态过程的观察,如果在样品室内装有加热、冷却、弯曲、拉伸和离子刻蚀等附件,则可以通过电视装置,观察相变、断裂等动态的变化过程。

10. 从试样表面形貌获得多方面资料

在扫描电镜中,不仅可以利用入射电子和试样相互作用产生各种信息来成像,而且可以通过信号处理方法,获得多种图像的特殊显示方法,还可以从试样的表面形貌获得多方面资料。因为扫描电子像不是同时记录的,它是分解为近百万个逐次记录构成的。因而使得扫描电镜除了观察表面形貌外还能进行成分和元素的分析,以及通过电子通道花样进行结晶学分析,选区尺寸可以从 10 μm 到 3 μm。

由于扫描电镜具有上述特点和功能,所以越来越受到科研人员的重视,用途日益广泛。现在扫描电镜已广泛用于材料科学(金属材料、非金属材料、纳米材料)、冶金、生物学、医学、半导体材料与器件、地质勘探、病虫害的防治、灾害(火灾、失效分析)鉴定、刑事侦察、宝石鉴定、工业生产中的产品质量鉴定及生产工艺控制等。

9.2.4 扫描电镜的试样制备

扫描电镜的试样制备虽然简单,但为了保证图像质量和保护仪器设备的使用寿命,对被观察试样有如下要求:

①导电性好,以防止表面积累电荷而影响成像。

②不能有松动的粉末或碎屑,以避免抽真空时粉末飞扬污染镜柱体。

③具有抗热辐射损伤的能力,在高能电子轰击下不分解、不变形。

④不能含有液状和胶状物质,以免挥发。

⑤具有高的二次电子和背散射电子系数,以保证图像良好的信噪比。

对于不能满足上述要求的试样,如陶瓷、玻璃和塑料等绝缘材料,导电性差的半导体材料,热稳定性不好的有机材料和二次电子、背散射电子系数较低的材料,由于在电子束作用下会产生电荷堆积,影响入射电子束斑形状和样品发射的二次电子运动轨迹,使图像质量下降。因此,这类试样在黏贴到样品座之后要进行喷镀导电层处理。最常用的是真空蒸发法和离子溅射镀膜法。最常用的镀膜材料是金,金的熔点较低,易蒸发;与通常使用的加热器不发生反应;二次电子和背散射电子发射效率高;化学稳定好。但如果是进行 X 射线显微分析、阴极荧光研究和背散射电子像观察等,选用碳、铝或其他原子序数较小的材料作为镀膜材料更为合适。

  膜厚的控制应根据观察的目的和试样性质来决定。一般来说,从图像真实性出发,膜厚应尽量薄一些,对于金膜,通常控制在 20 ~ 80 nm 之间。形状比较复杂的试样,在喷镀过程中要不断旋转,才能获得较完整和均匀的镀膜。

参考文献

[1] 柯江华, 杨光. 扫描电子显微镜[M]. 北京:科学出版社,1993.

[2] 陈利永,叶锋. 透射电子显微镜数字图像增强技术[J]. 福建师范大学学报,2003, 19(1):29-31.

[3] 刘剑霜, 谢锋. 扫描电子显微镜[J]. 上海计量测试,2003,30(6):37-39.

[4] 汪守朴. 金相分析基础[M]. 北京:机械工业出版社,1998.

[5] 任怀亮. 金相实验技术[M]. 北京:冶金工业出版社,1986.

[6] 韩德伟, 张建新. 金相试样制备与显示技术[M]. 长沙:中南大学出版社,2005.

[7] 陶达天. 金相检验实例[M]. 北京:机械工业出版社,1983.

[8] 科瓦连科 B C. 金相显示剂手册[M]. 李云盛,郑运荣,译. 北京:国防工业出版社,1983.

[9] 岗特·裴卓. 金相浸蚀手册[M]. 李新立,译. 北京:科学普及出版社,1982.

[10] 周玉, 武高辉. 材料分析测试技术[M]. 哈尔滨:哈尔滨工业大学出版社,2007.

[11] 陈世朴,王永瑞. 金属电子显微分析[M]. 北京:机械工业出版社,1982.

[12] 张锐. 现代材料分析方法[M]. 北京:化学工业出版社,2007.

[13] 杜希文,原续波. 材料分析方法[M]. 天津:天津大学出版社,2006.

[14] 左演声,陈文哲,梁伟. 材料现代分析方法[M]. 北京:北京工业大学出版社,2000.

[15] 郑运荣,张德堂. 高温合金与钢的彩色金相研究[M]. 北京:国防工业出版社,1999.

[16] 彩色金相技术编写组. 彩色金相技术(原理及方法)[M]. 北京:国防工业出版社,1987.

[17] 沈桂琴. 光学金相技术[M]. 北京:北京航空航天大学出版社,1992.

[18] BERAHA E, SPIGLER B. 彩色金相[M]. 林惠国,译. 北京:冶金工业出版社,1984.

[19] 王福珍, 马文存. 气象沉积应用技术[M]. 北京:机械工业出版社,2007.

[20] 冶金工业信息标准研究院冶金标准化研究所. 金属材料金相热处理检验方法标准汇编[M]. 北京:中国标准出版社,2006.

[21] 上海市机械制造工业研究所. 金相分析技术[M]. 上海:上海科学技术文献出版社,1987.

[22] 威廉·劳斯特克. 金相组织解说[M]. 刘以宽,译. 上海:上海科学技术出版社,1984.

［23］施心路. 光学显微镜和生物摄影基础教程［M］. 北京:科学出版社,2002.

［24］蔡履中. 光学［M］. 北京:科学出版社,2007.

［25］孙业英. 光学显微分析［M］. 北京:清华大学出版社,1997.

［26］机械工业理化检验人员技术培训和资格鉴定委员会. 金相检验［M］. 上海:上海科学普及出版社,2003.

［27］赵品. 材料科学基础教程［M］. 哈尔滨:哈尔滨工业大学出版社,2002.

［28］王运炎. 金相图谱［M］. 北京:高等教育出版社,1994.

［29］上海交通大学《金相分析》编写组. 金相分析［M］. 北京:国防工业出版社,1982.

［30］方克明. 铸铁石墨形态和微观结构图谱［M］. 北京:科学出版社,2000.

［31］黎文献. 有色金属材料工程概论［M］. 北京:冶金工业出版社,2007.

［32］张宝昌. 有色金属及其热处理［M］. 西安:西北工业大学出版社,1993.

［33］崔忠圻. 金属学与热处理［M］. 北京:机械工业出版社,1998.